阅读成就思想……

Read to Achieve

可复制的高手思维

成事、成长的结果达成力

于佳禾 著

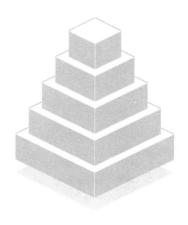

中国人民大学出版社
· 北京 ·

图书在版编目（ＣＩＰ）数据

可复制的高手思维 ：成事、成长的结果达成力 / 于佳禾著. -- 北京 ： 中国人民大学出版社，2023.10
ISBN 978-7-300-32182-0

Ⅰ．①可… Ⅱ．①于… Ⅲ．①成功心理－通俗读物 Ⅳ．①B848.4-49

中国国家版本馆CIP数据核字(2023)第171298号

可复制的高手思维：成事、成长的结果达成力

于佳禾　著

KEFUZHI DE GAOSHOU SIWEI：CHENGSHI、CHENGZHANG DE JIEGUO DACHENGLI

出版发行	中国人民大学出版社		
社　　址	北京中关村大街 31 号	**邮政编码**	100080
电　　话	010-62511242（总编室）		010-62511770（质管部）
	010-82501766（邮购部）		010-62514148（门市部）
	010-62515195（发行公司）		010-62515275（盗版举报）
网　　址	http://www.crup.com.cn		
经　　销	新华书店		
印　　刷	天津中印联印务有限公司		
开　　本	890 mm×1240 mm　1/32	**版　次**	2023 年 10 月第 1 版
印　　张	7　插页 1	**印　次**	2023 年 12 月第 2 次印刷
字　　数	150 000	**定　价**	65.00 元

结果达成力之于人生的意义

这两年，我和我的同事一直在研究和从事人才与组织发展的业务。同时，我们也在兴致勃勃地思考如何去持续学习和总结一套指导我们自己和团队拿到结果的方法论。

"拿到结果"这四个字在我们这里不只是事业上成功那么简单，因为我们觉得这个词受到了不同标准、不同价值观的影响。成事，成什么样的事？成多大的事？成人，成什么样的人？怎样成为想成为的人？

我有幸在乐平基金会做过访问学者，在人生复盘与思考的阶段，我用一些时间梳理了过去做的一些社会创新方面的实践。巧合的是，团队的其他伙伴也在进行一些有意义的复盘，几个人融合的视角让我们更有信心给团队一份满意的结果。

从我们提出写点东西的想法到现在，已经过去两年多了。通过我们的咨询业务和走访，我们非常欣喜地收到了很多正向的反馈，同时也看到了身边发生的巨大变化——个体时代汹涌地把我们卷入了其中，经济发展模式、职业发展方式，甚至是个体的综合成长方式都受到了影响。

于是，这本书终于在我们的不断优化中完成了。我们这几年一直在持续地进行研究，使我们在"不同价值观和方法论的适配""个体发展时代自我的成长"等方面都有了一些收获。更欣喜的是，我们自己在写作这本《可复制的高手思维》的过程中，也都收获颇丰，甚至可以说改变了自己整个生命的状态。这本书让我们从内心希望能够带给身边人一些力量，也希望能帮助大家在个体经济的新时代拿到结果。

我们研究"结果力"，有一部分原因是受到了"西西弗斯"潜移默化的影响。聊聊这些，可以让大家更简单地探究"结果力"是什么。

曾经很长一段时间，我们酷似哲学迷，聚在一起讨论人生问题。在我们团队自己创办和参与的问读会（教练式读书会）中，伙伴们多次像学生时代的书痴一样，探讨各自人生的意义。

法国作家加缪笔下的西西弗斯，因为犯错被天神责罚，一生注定要一遍又一遍地把巨石推上山……他可以选择沮丧绝望，但是他做出了勇敢和充满生命力的选择。在这个过程里，他不断焕发的生命力给自己的行为创造了意义。

在变化加剧的现代社会中，很多人在面对困难和挑战时会深陷烦恼，丧失活力。"结果力"的核心不是斟酌"过程"和"结果"孰轻孰重，而是保持一种积极确立生命价值，去创造人生、拿到结果的态度。

我们不能盲目采用某个哲学观点一概而论地去评判所有事情。无论是与世无争，还是有所追求，我们永远都避不开一件事，那就是要有自己的目标，有自己的方法，实现自己想要的价值。

这本书的写作有以下这两个重要的背景。

第一，本书的写作背景聚焦在个体时代——在当今的经济社会中，个体角色的功能更突出，这是我们在研究"结果力"时非常重要的一个参照。我们会从近几年时代的变化入手，研究我们在个体时代将如何拿到结果。我们会先分享我们的观察和判断。

第二，我们重视价值观和方法论的匹配，所以本书最重要的不是讲清楚一个方法论，而是帮助人们找到属于自己的性格特质和职业阶段，探究并运用好自己的能力。

本书各个章节的视角如下。

第1章，建立内外因认知视角，了解个体与时代的关系，思考如何在这个特别的时代找到自己的成人、成事之道。

第2章，从个人能力视角，通过结果达成力模型讲解，帮助读者有参照、有方向地提升结果达成力。

第3章，从阶段认知视角，通过介绍人生周期模型，帮助读者理解和识别成长不同阶段的不同侧重点，以此达到聚焦重点、排除干扰的目的。

第 4 章，从个人特质视角，通过详细介绍五种个人特质，帮助读者更好地识别自己和他人，找到突破困局的点，从而实现阶段跨越升级。

第 5 章，从思考适配性出发，借由外部环境、成长阶段、个人特质和做事方法四个维度层层递进地阐述，向读者呈现了"做事有结果"的多角度立体视角。

是把本书看作一套理论来阅读，还是作为一个帮助自己发展，找到自己的阶段特质的工具而着重阅读，取决于读者。我们也希望有更多读者发现本书的应用方式，与我们沟通和互动，一起来完善结果力的内容。

记得罗翔老师说过一句话：我们不是哲学王，无法走出洞穴直视太阳，从而获得真理性的知识，我们只能生活在现象世界，拥有并不充分的意见。就职业能力发展这件事情来说，哪怕在数年前团队伙伴也曾经出过一本不断加印的畅销书，我们依旧觉得自己还有很多不擅长的地方。

比如，我们几个人都很注重事业和生活的和谐、个人外在和内在的和谐，并为此感到骄傲。对全身心投入事业的朋友来说，秉持这样一种人生态度来总结的方法论也有一定的局限。在我们的团队伙伴中，虽然也有人经历过从零到独角兽阶段的创业或者曾效力于全国知名的社群组织，但他们本身并不是资本运作出身，就世俗意义上的成功而言，其观点抑或有自己的局限性……

钱穆先生在《人生十论》中讲"理一分殊"，结果力对于我们自己来讲，就是"成事"的"理一"。但面对不同行业、不同人生阶段，还是要讲究"分殊"的。

一本书最有价值的是什么？我们认为是作者的观点和读者的意见碰撞，如果能碰撞出新的有价值的东西，那也是双方之幸！我们的文字若能如汪洋中的一片浮木，或是远行者无意瞥见的一颗星星，就能让我们深受鼓舞。

希望这本书能被读者偏爱。它始于人生中的积极探索，行于纷繁妙世中的游历沉思，兴于对话指正中的碰撞成长。

最后，感谢为我提供相关内容素材的朋友们，希望借由这本《可复制的高手思维》能和各行各业优秀的前辈、同行学习，也希望大家能不吝指正。

目 录

CONTENTS

第 1 章

让思维跳出惯性

对人生来说，变化不仅有必要，而且变化本身就是人生。

阿尔文·托夫勒，《未来的冲击》

拥有黑天鹅意识

澳大利亚的黑天鹅被发现之前，几乎所有欧洲人都认为天鹅是白色的。这种牢不可破的信念被打破后，人们便开始了对黑天鹅事件的讨论。塔勒布在《黑天鹅：如何应对不可预知的未来》一书中提到了"黑天鹅事件"，它是指一种非常罕见的事情。当这件事情突然发生的时候，它的影响是如此之大，以至于完全颠覆了人们先前的认知。

塔勒布在他的书中介绍了"黑天鹅事件"的三个特征：

- 具有意外性，即它通常发生在预期之外，也就是在过去没有任何能够确定它发生的可能性的证据；
- 会产生极端影响；
- 虽然它具有意外性，但人的本性促使我们在事后为它的发生编造理由，并且使其变得可解释和可预测。

这三点简单概括起来就是：稀有性、极大的冲击性和事后（而非事前）可预测性。

我们发现，人类的历史好像一直在被这样一件又一件突发事件影响着。这种影响之所以总让我们猝不及防，是因为我们不得不遗憾地发现，"黑天鹅事件"的出现说明世界不是连续性地发生变化的，但人的思维是很难跳脱出连续惯性的。

自着手写《可复制的高手思维》以来，我们在不断地接收着大量的新鲜信息：专业的医疗术语、医疗用品快速地成为我们生活的一部分；提及多年但尚未普及的数字化在适应了特殊环境的情况下，迅速改变着世界的生产方式和工作规则。更深的影响甚至包括世界重新开启了对"互联"的激烈辩论，国家与国家之间"脱钩"的声音在逐步响起……不知不觉中，我们仿佛被强行带入了一个新的时代。

我们并不认为我们真的仅仅因为一场黑天鹅事件就走向了新时代。从历史上看，很多"黑天鹅事件"都导致了历史拐点的到来，但其实有些基础性问题早就埋下了伏笔。一个时代的变革不是突发的，只是某些事件会让"大变局"浮出水面。

从历史上看，给经济乃至人类社会造成深远影响的，甚至重要到改变了一个时代的一定不是那只"黑天鹅"本身，而是人类在应对世界的不连续性时设计的一系列连续性行动。正是这些连续性行动催生了所谓的"新时代"和"新世界"。

其实就像马克思就社会关系改变所得出的论断：生产工具改变生产方式，生产方式改变社会关系。我们要探究的就是当下改变的社会关系和社会关系对于我们个体的影响。

理解并回应不同挑战

VUCA 一度成为一个热门词语，它代表着易变性（volatility）、不确定性（uncertainty）、复杂性（complexity）和模糊性（ambiguity）。这个术语源于军事用语，在 20 世纪 90 年代开始被普遍使用，随后被用于从营利公司到教育事业的各种组织的新兴思想中。

近20年来，该理念一直是商业界信奉的主流观念。VUCA尝试运用一种标准化的方法，来帮助我们用连续性的思维去理解世界潜在的易变性、不确定性、复杂性和模糊性。但在全球不断加快的节奏中，变化也越来越复杂，并以一种渐进与变异相结合的方式进行着，因此我们必须用全新的术语和理论来重新考察我们所生活的世界。

2016年，未来学家贾梅斯·卡西欧（Jamais Cascio）提出了"BANI"这个缩写词。BANI是一个更有助于我们理解未来的概念，代表脆弱的（brittle）、焦虑的（anxiety）、非线性的（nonlinear）、不可知的（incomprehensible）。所谓脆弱，就是指任何表面运作良好的系统随时可能会毫无预兆地崩塌；焦虑通常是指生活中的一种体验，是一种为亲人和自己的生命安全、未来命运等感到担忧而产生的烦躁情绪，这种体验会让人感到不知所措；非线性表现在因果关系、时间、比例和感觉上完全脱节，事物的发展变得更加复杂，难以用现有的规则来解释；不可知就是当我们试图寻找某个问题的答案时，可能会产生误解，而且这个答案可能并没有什么意义。或许有些事情超出了我们的理解范围，难以解释。总之，BANI代表了我们现在所经历的变化及其导致的心智上的混乱，同时也描绘了我们生活在世界上的感觉。我们之前的描述都是以外部世界为中心的，要想从根本上解决这个问题，就必须把重点放在人的身上。

我们在咨询中发现，近些年焦虑感和不可知感在个体身上表现得格外明显，往往表现为迷茫。

无论是 VUCA 还是 BANI，它们都有力地表达了时代的动态，也体现了更加关注和回归个人的商业世界的"新变化"。不过，我们有时也会发现，每当遇到挑战时，很多人经常会把形容世界动态、多变的词语搬出来做挡箭牌——"在 VUCA 或者 BANI 的世界里，很多事情都让人束手无策，难道不是吗？"

有时候，我们并不需要把面对的问题全都与这类描述复杂世界的模型联系在一起，我们要做的只是理解并回应不同的挑战。本书要探索的就是，主动认识并拥抱如此复杂的世界，同时提高个人达成结果的能力，以面对复杂多变的环境和更加多变的个人职业发展。简单来说，我们就是要了解我们的内在情感和探究外在挑战的来源，并知道如何应对它们。

关乎我们职业发展的大变化

作为一个多年来聚焦于个人发展的团队，我们一直在探寻环境对人和周遭世界的剧烈影响。我们想抛开关于大环境、政治关系、经济背景的宏大话题，去探究个人职业发展方面在这个时代的重要变化。我们总结了四个重要的变化方向。

个体和工作室的新机会

我们认为新个体时代的个人有一个很明显的特征，那就是更多地以个体或者合作成立工作室的方式与外界共益式交互相处。究其原因，一方面是国内商业世界逐步从增量时代向存量时代转变，很多行业从大规模开垦逐渐转变成小规模、精细化的深耕，更加注重产品的差异化和个性化导致很多行业释放了大量利益相关者的角色；另一方面是生产方式的数字化和人们对共益思想的深入理解促成了社会大范围的共益化。

当下，从增量时代逐步向存量时代转变的趋势，在我国的互联网公司体现得尤为明显。过去多年，在互联网经济的背景下，大量资本的涌入导致公司的发展总是伴随着一轮接一轮的融资、股权的设计。在这样的环境下，很多公司的需求就是迅速做大，不惜花重金迅速占据相当大的市场份额和遍布各个角落的终端用户。但在存量时代，大部分公司越来越关注做生意的本质，开始好好做生意，好好追求利润。我们甚至会发现中小型公司越来越多。很多大公司的业务可以被工作室和个体户以协同合作的方式搞定，大家都在存量世界里谋求合作和降本增效。以前被粗略开垦的荒地开始被精细化地重新设计，重新作为一门生意养活一些工作室或者个体户。

工作关系发生变化。工作关系表现为以个体或者合作成立工作室的方式与外界共益式交互。旅游行业近些年几次明显的变化，展示了从增量市场向存量市场的一个变化。

在 20 世纪 90 年代末至 21 世纪初的几年间，旅行团模式在我国旅游市场异常火爆。当时，国内的旅游市场快速发展，人们的消费水平和意识不断提高，"旅行"成了一种增量需求。由于需求疯长但市场供给有限，因此旅行团作为规模化的旅游产品形式仍然备受欢迎，有较稳健的市场表现。

但随着旅游市场的进一步发展和消费者需求的不断变化，旅行团的市场地位和业务也受到了挑战和冲击。2012 年，我国的在线旅游市场规模首次突破了 1000 亿元人民币。随着移动互联网的普及和在线支付等技术的发展，越来越多的人开始选择在线上旅游平台上预订机票、酒店和旅游产品，逐渐放弃了传统的旅行团模式。国内移动支付和移动互联网的高速发展，加速了在线旅游业务的兴起，也加速了旅游行业增量时代的结束和存量时代的来临。

旅游行业从增量时代向存量时代的真正转变，在近些年开始拉开序幕。去哪儿网发布的《2020 年国庆旅游消费趋势报告》显示，未来几年的旅游市场需求呈现三大特点：一是个性化需求更突出；二是高品质旅游产品更受欢迎；三是短途出游更普遍。

服务的需求不会轻易消失，只会逐渐迭代和升级。增量时代供给不充分的旅游服务，逐渐向存量时代的特性转向。为了提供极致的个性化服务，越来越多的个体服务者与在地旅游资源方的协同更加充分。售卖景色和目的地本身的旅游服务，正在悄然变成精准的旅游设计和旅游体验服务。那些拿到结果的人，往往是聚焦产品个性化和差异化的人。

工作方式发生变化。居家办公是我们看到的数字化办公进程最明显的标志。工作场景的模糊也让我们的工作和生活之间的界线变得模糊。以往人们往往思考如何在工作中赚钱、在生活中消费，但是现如今，人们却更多地思考如何工作和生活。除了衍生更好的远程协作工具和方法以外，这也使很多人开始思考如何设计自己的工作，以便能让工作和生活更和谐。显然，这直接促使很多人以个体或者合作成立工作室的方式与外界合作来获得报酬。由此，他们逐渐成为工作和生活的掌控者，时间和精力不会再被各方分割或者拉扯。值得一提的是，这种背景更说明了"做事有结果"和"做事更专业"的重要性。

"利益相关者"一词的出现对我们产生了影响。按照经济学家理查德·弗里曼（Richard Freeman）的定义，利益相关者是指任何能够影响组织目标的实现或受这种实现影响的团体或个人。20世纪90年代，美国经济学家玛格丽特·M.布莱尔（Margaret M.Blair）写了一本名为《所有权与控制：面向21世纪的公司治理探索》的书。针对公司治理结构存在的问题，她认为"公司治理革命"只强调所有者与业主对公司的监督与控制是明显不够的。在她看来，为公司承担剩余风险的不单是股东，还有其他利益相关者。由此，她得出的结论是，公司不但要对股东负责，还应该对其他利益相关者，包括员工、所在社区的居民、供应商、销售商，甚至整个社会负责。

但是，这种观点未被当时的社会所接受。很多经济界的同行不赞同布莱尔的说法，他们说这是一个彻头彻尾的错误。他们认为，创业者做得好、挣得多，就等于履行了自己的社会义务。他们并不认为公司的社会责任应该由全体股东来负责。

如今，这种思想逐渐发生了变化：一是因为一些实际情况（如更多的公共事务需要企业参与，社会组织、社会企业逐渐在社会公共事务做出贡献等）让人们开始认同利益相关者的价值；二是因为新生代的年轻人拥有更加自由的生活方式，而且越来越有社会使命感。

2020 年，第 50 届世界经济论坛达沃斯年会发布了新版《达沃斯宣言》，再次提到了半个世纪前就曾提出的利益相关者理论，主张企业不仅要服务于股东，也要服务于客户、员工、社区和整个社会。同时，在世界经济论坛达沃斯年会上，论坛主席施瓦布提出了三条拥抱利益相关者理论的理由：

- 践行环境可持续发展理念刻不容缓；
- 新生代消费者再也不愿为那些只顾追求股东价值最大化而缺乏社会责任感的企业工作、投资或购买其产品；
- 越来越多的企业高管和投资人逐渐理解了他们能否获得长期成功，其实与客户、员工和供应商的成功息息相关。

随后，突如其来的黑天鹅事件彻底证实了利益相关者经济的必然发生。在过去两三年，全人类在某种程度上成了利益相关者，而远程数字化办公也逐渐为越来越多的人所接受。

我们逐步适应了新的工作方式之后发现，无论是之前的很多社会项目，还是存量时代下项目推动方式的转变，都促成了从社会层面到商业世界的更多共益式合作的发生。越来越多的人和机构因此适应了这种个体户或者工作室与组织、社会的共益式工作关系。

除了"高大上"，还有"小而美"

股神巴菲特曾经说："最好的投资，就是投资你自己。"这句话曾鼓舞很多年轻人开启了更丰富、更多元化的自我学习。但在职业发展这件事情上，人们在过去很多年并没有体现出想要真正投资自己。"好工作""好单位""铁饭碗""朝九晚五""五险一金"……这些词现在都和职业发展画上了等号。我们发现很多人在用待遇、薪资等去衡量自己的职业发展状况。这是工业社会的就业体系、单一的成功衡量标准影响下的产物，也是过去集体价值远远超过个体价值的时代带给我们的一种影响。

过去人们会经历一个"被培养"的阶段，那是一种从外到内的职业发展状态：学习了某个专业，之后进入一家待遇较好的公司。随着个体时代的发展，千禧一代也逐步走上了工作岗位，这种社会意识逐渐发生了变化。这一代年轻人开始思考关于"自我"的哲学问题："我是谁？我从哪里来？我要到哪里去？"也像刘擎先生在《刘擎西方现代思想讲义》中写的那样："什么叫清醒的现代人？明白自己是谁，自己在做什么，为什么会这么做。"这是现在大多数年轻人的现状。他们要思考的第一个问题是："我想要什么样的生活？"第二个问题是："我要做什么样的工作？"尽管这些问题的答案会随着年龄的增长而变化，但是"思考"和"追求"这两个动作的出现是个体时代最大的思想变化。

互联网时代信息的高速传播和社交方式的变化，让更多的人有机会以自身为起点思考自己的职业发展，设计出属于自己的职业成长方案。也就是说，更多的人会借由或者撬动身边或职场的资源去培养自己，而不是等待被培养。这样从内到外的个人职业发展变化将使个人和组织的关系以及商业内容形态出现以下这些变化。

一是个人和组织的关系会发生显著变化。过去，企业和个人多为伯乐和千里马的关系，企业不断甄选出优秀的人才，加以培养和重用。而现在，双方更接受彼此之间的合作关系，双方确定在一段关系内达到一致的目标。

值得一提的是，在这样的大背景下，人与人之间的关系不能因为合作角色的变化而被直接否定。在一段合作关系里，人与人之间的互动角色也是复杂的，可能是前辈与晚辈的培养关系、老师和学生的师徒关系、朋友之间的互助关系等。当合作关系发生变化时，保持清醒的认识也是对于"合作"和"关系"的尊重。

二是商业内容形态会出现变化。过去我们常常提及人口红利，近几年很多人常说我国人口红利已经逐渐消失，但是我们认为这种红利会发生一种变化，将从人口数量的红利转向人口多样性的红利。在这方面有着新的增量和新的拓荒机会。从表现上看，会有更多细分的、围绕着个人特质的"小而美"出现。"小"就是个体户、自由职业者，或者是小工作室；"美"就是一种非常符合自身特质和优势的小生意。

在这样的变化下，了解自己的优势和达成结果的最优方式就更加重要了，这正是本书要探讨和解决的问题。

重塑工作

我们先来看一下"职场"和"工作"的概念。"工作"是劳动生产，主要是指劳动，一个人的工作是他在社会中所扮演的角色。"职场"是一个经济学名词，指一切可以就职的场所，包括所有公司、机关、企事业单位。

其实"职场"和"工作"本来就是两个不同的概念，但过去很多时候，二者往往被当成同样的概念，主要是因为很多人的社会角色和职场相关，而不是和工作紧密相关。随着个体时代的逐渐发展和社会制度的不断完善，人们的社会角色越来越趋于辨识个人价值，而不是职位价值。这也表现为人们逐渐区分开"职场"和"工作"的概念，越来越从"能做什么样的事情"和"达成什么样的结果"等方面去了解一个人的状态。

我们在做组织发展和组织变革的相关咨询时，有时候会发现一些特别有趣的现象：上班时间，公司聘请我们去帮组织找问题，思考组织效能和组织动能的问题；下班时间，很多员工去找另外的老师学习如何开启个人副业。

这是我们发现的一个现象。我们不是赞成或者反对职场人寻找副业，而是希望大家从个人的职业发展出发，去探寻自己的工作应该是什么样的。说得更实际一点，我们不赞成盲目地思考自己到底要赚多少钱，而是去思考自己到底要做什么样的工作，通过什么样的方式赚钱。工作与职场的关系显然不是二元对立的关系，面对自由职业和一份稳定的工作，我们永远要基于个体需要和个人职业发展去选择，而不要盲目地根据大环境和工作方式做出选择。

我们发现当今社会人们的工作观念和职场观念正在发生一系列变化，从自己努力工作是为了在职场中有良好的表现，逐步转变为自己在职场中努力是为了拿到想要的结果。成为一个职场人或者一个自由职业者不再是选择工作方式那么简单，也没有哪种工作方式会成为一个人的工作目标。

《自控力》一书中有一部分专门讲提高干劲的法则，很多人在遇到瓶颈时常用到这些法则。这些法则的核心就是讲"重塑工作"，即我们把被迫去做的工作变成值得去做的、主动去做的工作。

当下，我们发现复杂多元的职业发展方向给予了我们很多选择和愿景。职场越来越轻于工作，人们会不断明确自己希望做的事情，并把职场作为自己拿到工作结果的辅助。"为自己工作、对职场负责"成为大多数人面对职业和工作的态度。

对生活始终保持期待

在 BANI 时代，焦虑感和不可知这两个方面在个体身上表现得格外明显，它们往往以迷茫的形式出现。在我们看来，随着时代的变化，迷茫的意义发生了变化。

感觉迷茫其实是害怕改变又期许进入新纪元的心理状态，是内在生命力越发旺盛，是对生活依然热忱和有所期待的表现。

重新思考"我"与世界的关系

> 我与世界相遇，我自与世界相蚀。我自不辱使命，使我与众生相聚。
>
> ——苏格拉底

关系松散，但信任度更高

古希腊哲学家苏格拉底曾经说过："一个人只有作为快乐城邦的一员才能是幸福的。"那时候，活在城邦本位主义思想下的思想家们也万万想不到，如今个体会处在一个前所未有的自由时代，能够在社会法律框架下利用各种先进技术自由地生产和生活。

这一代年轻人生活在一个互联网高速发展的时代。在教育方面，人们可以不受地域限制，到世界各地求学。在商业领域，很多公司的生产经营活动逐步国际化，它们不断地捕捉全球性机遇，同时也受到全球经济互联的影响。我们可以通过互联网了解全球各地的近况，可以根据我们了解的信息畅快地高谈阔论。在客观条件具备的情况下，我们在衣食住行方面甚至可以不受物理空间的束缚，因此拥有较多的选择机会。

我们经常开玩笑说世界变成了一个大整体——"地球村"。过去我们往往会从出生的地方出发，再讲个体超越了多少限制才见到了更大的世界。好像现在的互联网和全球化让我们可以直接超越个体、超越身边的物理空间，**个体一下子就成了整体的一部分。**

在这样的"个体"与"整体"的关系下，在时代的变化中，我们如何更好地发展自己？社会整体是个体行动的结果，对社会整体的认识必须归结到个体行为的基础上；当我们去审视社会整体与个体之间关系的变化时，我们还是要从个体的行为变化出发。

英国牛津大学社会人类学教授项飙先生曾谈及以下两个变化，我们认为能解释现在的个体行为，也能看出它们对工作、自我发展趋势的影响。

第一个变化是人和人之间的关系变得比较松散，但信任程度升高。我们发现，人们为了获得一种即时性的满足和方便，会非常信任一些虚拟系统。比如，有些人逐渐不太信任当面的钱物交易，越来越信任购物平台和网络支付平台；有时候我们不一定信任身边的人分享的经验，而更信任一些种草平台的推荐和经验分享。比如，有些人在打车的时候，相对于在路边招手打车，更愿意通过相关平台打车。

第二个是原生社会关系的本质化，大家更倾向于认可生物学上的社会关系。我们通过观察发现，人们更愿意追求一种本质和纯粹的关系，对本质化的关系的依赖程度变高。具体表现在减少泛泛的社交，更愿意把精力放在亲朋好友身上。这是一种情感的收缩，在当今黑天鹅事件的影响下，这种变化表现得尤为明显。

结合对社会的观察，我们发现人们把工作的计划和重心与这两个变化紧密结合起来了。比如，很多朋友从大企业辞职去做"小而美"的生意，同时寻求与大平台的合作机会，并在高度集中的信任体系中寻找客户。

如何在这样的环境下更好地发展自己，更好地工作呢？持续提升自我，在大平台的背景下成就小生意，也成了新个体时代的一种可能。

为变化做好准备

人的本质属性是社会人，人生的轨迹往往受到大环境的影响。就像大海中的一滴海水，它的起伏取决于海浪的走向。

对于人类来说，科技就是背后那股"巨浪"。鼓励私人太空探索、创立了十几家商业太空公司的彼得·戴曼迪斯（Peter H. Diamandis）在其著作《富足：改变人类未来的 4 大力量（经典版）》一书中，清晰地勾勒了科技对人类的影响（见图 1–1）。

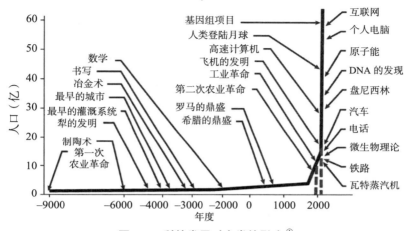

图 1–1　科技发展对人类的影响 [①]

公元前 9 世纪至公元 1 世纪，科技发展非常缓慢，生活在这个时期的人们的生活状况都差不多，不会有太大的变化，他们也就不会产生"今年不知道明年会怎样"的焦虑与迷茫。进入 20 世纪以后，新技术、新发明层出不穷，随之而来的是人口的爆炸式增长。现代人一方面要适应眼花缭乱的技术发明，一方面又要应对人口增长带来的激烈竞争。

图 1–1 中的虚线部分差不多能映射出"80 后""90 后"的生活环境。我们的祖辈生活在科技欠发达的年代，他们的生活相对安定。用著名社会学家费孝通先生的话来讲就是：在他出生之前，已经有人替他准备好了应怎样去解决人生中可能发生的问题，他只要"学

---

① 插图来自浙江人民出版社 2016 年出版的《富足：改变人类未来的 4 大力量（经典版）》一书。

而时习之"就可以享受满足需要的愉快……在很少变化的社会环境中，文化相对稳定，很少出现新问题，人们往往遵循传统来生活。

然而，在不到一百年的时间里，阡陌交通、鸡犬相闻的乡村生活就发生了翻天覆地的变化。我们的父母辈受到技术革命的影响，一生中可能至少经历过一次职业身份的转变，比如从田间耕作的农民变成了工厂的工人，谋生的本领从种田变成装配。再到"90 后"这一代，平均每三年换一份工作几乎成了常态。

美国奥美互动全球董事长兼首席执行官、4E 营销理论提出者布赖恩·费瑟斯通豪（Brain Fetherstonhaugh）曾罗列出他从事过的有偿工作，多达 23 种（见表 1–1）。

表 1–1　　　　　　　　布赖恩从事过的工作

园丁	铲雪承包人	擦窗工	油漆工	保姆	遛狗员
高尔夫球童	棒球裁判	地毯推销员	上门推销员	洗碗工	酒保
保险专员	市场研究员	威士忌推销员	市场营销顾问	监考官	大学讲师
小公司的总裁	品牌经理	广告总监	作家	车库乐队的乐手	

布赖恩是 20 世纪六七十年代的人，互联网的出现大概是他一生中经历过的最大的科技变革。试想一下"90 后""00 后"，他们面临着诸如区块链、人工智能、虚拟现实、量子计算、元宇宙等新兴技

术的爆发，世界变化的速度只会越来越快，别说借鉴父母辈的人生经验，说不定 10 年前的经验都已经不合时宜了。

科技发展这股"巨浪"搅动着每个人的生活。共享经济鼻祖、美国汽车共享公司 Zipcar 创始人罗宾·蔡斯（Robin Chase）对此有一个非常形象的比喻，她说："我父亲一生只做了一份工作，我的一生将做六份工作，而我的孩子们将同时做六份工作。"这就是我们在前文所说的，在新个体时代，工作的重要性日益超过职场的重要性，人们越来越注重考虑从内到外的个人职业发展。

今天的我们该如何训练自己以适应"一生换六份工作"的生活？又该如何教育我们的孩子做好"同时做六份工作"的准备呢？我们说这是一个人人都迷茫的时代，一点也不夸张。

当然，你并不需要成为科学家，对科技发展了如指掌。你只需要理解新技术的发展会推动社会变化得越来越快，新的工种、新的生活方式也会相应地出现。过去适用祖辈、父辈的经验多数不再管用，你需要不断调适自己以适应每隔几年就会有的变化。

当老经验不再适用，需要摸着石头过河的时候，迷茫是在所难免的。我们不需要害怕，不需要排斥迷茫。迷茫更像预测变化的探测器，它在提醒你：注意！新的变化要来了，你该做些准备了！

在迷茫中找旺盛的生命力

> 焦虑是人类的基本处境。
>
> 罗洛·梅,《焦虑的意义》

"只是人生某一时期迷茫,还是永远都会迷茫?"

"是只有当代人迷茫,还是从古至今所有人都迷茫?"

"仅仅是我迷茫,还是大家都迷茫?"

有些陷入迷茫的朋友,除了思考让自己迷茫的具体问题以外,往往也会和我们聊起迷茫的根源。我们可能会因为时代的变化导致工作状态的变化而感到迷茫,也会因为不知道如何处理家庭、婚姻、爱情关系而感到迷茫。

快速发展裹挟的迷茫

当今社会经济高速发展,科技日益发达,许多城市似乎一夜之间就筑起了高楼大厦。人们忙于追赶时代的潮流,在社会发展的汹涌大河中乘风破浪,寻找着自己的安身之所。人们开始追求高效,追求"事半功倍",忙于适应新的工作和生活节奏,忙于跟上快速更新的社会步伐。于是,失眠、焦虑、迷茫就成为人们当下普遍面临的问题。

很多人会说,社会发展得太快了,不能跟不上。但是我们追逐的东西,我们发誓要得到的东西,一定应该在这个时候得到的吗?

快速发展会带来需求，带来欲望。分不清需求还是欲望，就是快速发展的时代带给我们的一种迷茫。此时，我们要去思考自己在工作上到底有多少价值，进而去赚取与价值相匹配的钱，去做与价值相匹配的事情，或许这就是消除迷茫的好办法。

个体时代引发的迷茫

很多人羡慕《月亮与六便士》里的主人公思特里克兰德，羡慕他可以尽情地画画，做自己热爱的事情，而不在乎任何人的评价；羡慕他活得自由、洒脱。当我们不去思考为什么思特里克兰德可以拥有这样的生活，却盲目地也要想做什么就做什么，或者像很多人一样高呼"做自己"，我想我们就陷入了迷茫中。

在个体时代，人们越来越关心自己的感受和状态，也开始去关心自己的需求和欲望。但是在不知道自己究竟是什么样的时候，盲目地"做自己"会引发一种迷茫。高呼"做自己"，做"我想要、我愿意"做的事情有时候是一种自我理解和自我尊重，但是有时候也是一种傲慢和对自我的不负责任。

那该如何判断呢？如果你做了这样的事情，在感到兴奋和快乐的同时内心又感到不确定和焦虑，那这样的"做自己"多半会使人迷茫。真正的自由是不会使人迷茫的，只会让你的认知越来越清晰。

文化冲突下的迷茫

我国历史悠久，文化积淀无比深厚，生于此、长于此的每个人都深受文化基因的影响。同时，时代也在发生巨变，中外文化的冲突、不同价值观念的碰撞，也为这个时代的年轻人带来了一种迷茫。

文化会深深地影响一个人的行为方式。如果一个人的文化观念中交织着冲突，那其行为和状态中必然充满冲突。同时，一个人的文化观念并不是一时选择或者一时能够模仿的，而是慢慢形成的。我们唯有不断地积累、选择、碰撞，循环往复，形成一套属于自己的行事标准，才能不在这样的环境中陷入迷茫。

最让人担心的就是拼凑式学习和内外不一致的学习，比如一边生活在中式的体系中，一边高谈阔论那些自己并不熟悉的西方管理方式。很多个体在文化冲突的影响下会陷入典型的迷茫状态。

虽然我们提到了很多种迷茫，但是这些迷茫都是自洽路上的迷茫，只有在不断成长之路上的人才会发现。迷茫也是一种开始和奔赴的表现，是一种充满生命力的体现。

迷茫不是病，是内在生命力旺盛的体现

在职业咨询工作中，我们结识了很多来访者，他们有的是 20 岁出头的职场新人，有的是努力平衡工作和家庭的 30 多岁的妈妈，有的是身处四五线小城市等待机会走出来的体制人，还有面临新兴市场冲击的世界 500 强高管……不管身处哪座城市，从事何种工作，他们身上都有一个共同点——**对自己的人生充满期待。**

这些来自全国各地的来访者找到我的时候几乎都是焦虑、迷茫、困惑的，但是当我们开始咨询后，会发现他们也是经历一番披荆斩棘后才走到了现在的位置。**换言之，当下的迷茫处境也是他们努力付出了很久后才达到的。**

未来何去何从

小蝶（化名）就是这样一位努力的 90 后。小蝶的父母希望她大学毕业后能找一份稳定的工作，所以建议她报考会计专业。

"我对会计专业既不讨厌也不喜欢，专业课能学好，也考了会计证，参加了会计比赛。但是我并没有动力深入下去，不像我的室友是真的很爱学会计，愿意花很多时间去主动钻研。"于是，小蝶毕业后找了一份与会计无关的工作。第一份工作是在一家上市体育用品公司做店长管培生，从商品陈列开始做起，后来负责制订门店销售计划、培训导购员、与卖场对接落地促销活动。

零售行业很辛苦，没有周末和节假日，而且经常要加班做门店盘点。后来小蝶想要有更大的发展空间，离开了零售行业，跳槽到一家做领导力培训的创业公司。"我想接触一些更优秀的人，提升自己的见识，在培训公司工作可以'免费听课'，还能接触到各行各业的人，"小蝶的目标很清晰，"培训公司的经历让我知道创业公司是怎样运转的，也看到了创业的艰难。这段工作经历教会我很多，特别是我了解到来参加培训的人都是一步步不断学习成为行业精英的，这给了我很大的鼓励。"

后来因为想要赚更多的钱，小蝶再次跳槽到一家上市公司做软件销售。这家公司业务成熟、平台广阔，给了小蝶很大的发展空间。"我工作得非常投入，有一次骑车上班时突然下暴雨，我摔倒了都没觉得疼，爬起来后继续赶去上班，直到被同事提醒才发现小腿摔破了，正在流血。"

忘我的投入给小蝶带来了丰厚的回报——销售业绩在公司年年第一，直到小蝶发现遇到了天花板。

"销售工作做熟悉了，感觉自己像机器人一样，很少主动思考。部门也固化了，好多人员的岗位十多年都没有变化，"小蝶感慨地说，"我感觉自己又该离开了。"花了三年时间，小蝶从青涩的毕业生成长为合格的职场人，通过不断学习和自我挑战，她收获了扎实的个人能力和可观的收入，成为当初在门店做导购员时心里羡慕的职场女性。

在实现梦想的同时，小蝶也有了新的迷茫。她说："我现在 26 岁，有了一些经济基础，也知道职场是怎么回事了，以后还要工作三四十年，我想做点喜欢又有意义、能让自己持续投入的工作。毕竟工作是一辈子的事情，我不想再跳来跳去了。但是我不知道该做什么，好像实现了一个阶段性的梦想，但是发现路还很长，而我却不知道要去哪里。"

和小蝶一样，很多人一路披荆斩棘走到一定的高度，没开心多久，就会产生新的迷茫。因为他们都想要去更远的地方，看到更多的风景，成为更圆满的自己，但不知道目的地在哪里。这种不想待在原地，又不知道具体要去哪里的模糊感觉，人们称之为迷茫。

我们想说的是，迷茫并不是一种"病"，更不是弱者的伴生物。相反，迷茫是一个人内在生命力旺盛、对生活充满期待的体现。

第 2 章

个人结果达成力

不在迷茫中无效打转

> 人们从来就只有权衡和取舍，而没有绝对的刚需。
>
> 薛兆丰，《经济学通识》

我们在上一章提到，在如今的时代背景下，迷茫不再是一种不良情绪，而是一种内在生命力旺盛的表现，也是预测变化、抓住机遇的探测器。话虽如此，但要想利用好这个探测器却不是一件容易的事情。我们仿佛在黑暗森林中独自前行，盲目穿梭反而容易迷失方向、消耗体力，渐渐使意志溃散，最后丧失信心。在本章中，我们将探寻如何利用迷茫得到自己想要的结果。我们曾遇到过一个叫小西的咨询者，他在东北读的大学，2014年大学毕业后开始进入职场工作。之后七年时间她换了七份工作。离职原因各不相同，有的是因为工作内容不喜欢；有的是因为天花板低，上升空间受限；还有的是因为公司文化不友好，同事之间相互推诿、内耗太大……

如今社会环境变化快，90后基本两三年换一次工作，但是像小西这样频繁换工作的情况还是比较少见的。经过深入交流，我们发现小西思维活跃，也喜欢学习，报名参加过很多网络课程；对新鲜事物好奇心强，擅长搜集各种信息，知识面广，表达能力也不错。看起来，小西的基本素质是不错的，但是由于缺乏定力，小西几乎踩了职场早期所有常见的"坑"。

常见"坑"一：把浅表信息当成取舍依据

小西想报考研究生提升学历，但是很纠结是报考北京的大学，还是本地的大学。小西给我列举了她纠结犹豫的几点原因：

- 未来想从事与企业咨询相关的工作，如果在北京求学相关机会能多一些；
- 但是在北京工作竞争激烈、压力大，不知道自己能不能适应；
- 本地大学专业实力一般，相关工作岗位少；
- 在本地读书工作离家近、生活成本低。

小西列举的这几点都符合实际情况，但是它们对小西的选择却毫无帮助。为什么呢？因为小西并没有真正拿到北京或者本地某所大学的录取通知书，手里并没有确定的待选项等她做出选择。在没有真实待选项时，纠结选 A 还是选 B 无疑是在浪费时间。这就像手头没钱买车，却在纠结是买奔驰还是买宝马。

假设小西真的决定考研，她需要对专业方向、就业出口进行系统、深入的信息搜集和自我分析，请教相关专业的老师、学长学姐、就业方向的从业人员，以获取更全面立体的信息；提前阅读和试听一些专业内容；评估求学时间和学费成本；合理安排读研和工作之间的过渡……这些才能从根本上帮助她做出决策，而不是"站在岸边猜想河水有多深"。等到真有备选项时，再纠结选 A 还是选 B 才是有意义的。

再者，小西还需要剖析考研背后的动机，是真的想要进一步深入专业领域学习，还是盲目崇拜高学历，抑或是为了回避职场竞争而做出一种"看似努力"的掩饰。很多时候，内心的摇摆来自对动机的把握不清晰，心也就会像浮萍一样随波逐流、散而无力。

果然，几个月后小西考研的想法不了了之了。根基浅的动机支撑不了长久的行动。这个当初令小西辗转反侧了好几个星期的"问题"，除了占用了时间之外，并没有留下其他真真切切的痕迹。

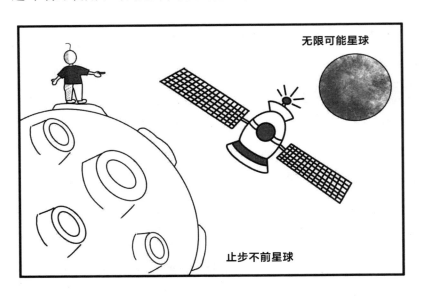

常见"坑"二：坐在士兵的位置上操着将帅的心

小西做得比较开心的一份工作是在某咨询公司做咨询助理。"老板会来询问我的想法，这让我很开心，"小西跟我描述说，"后来换了领导，氛围越来越压抑，我就离职了。"

从能力特质上看，小西具备一定的方案策划能力。然而，助理的职责是协助主管高效完成工作。主管主动听取建议是职员的幸运，并不是主管的义务。这也是很多年轻人容易犯的错误，在职场喜欢被聆听、发表建议，因而感到被重视了。尽管现在的职场越来越重视年轻职员的想法，但是这并不意味着职员的工作就只是动动嘴皮子。事实上，要想让同事、领导听取你的意见，更需要拿出实实在在的工作成果才行。没有在基层业务岗位上打好基础，即便到了主管的位置，也会发现能力跟不上，难以做出成绩。

有一颗想当将军的心是好事，不过在此之前，还需要先学习如何做个能打仗的好士兵。就像拿破仑所说的一样：不想当将军的士兵不是好士兵，但是当不好士兵的士兵，绝对当不成将军。

"你想做专家吗？一律从基层做起。"华为老总任正非在《致新员工书》中提到了这一点，而这也是整个华为公司企业文化的一部分。这句话最根本的意思是：只有踏踏实实地做好士兵的本职工作，才有机会做将军。

常见"坑"三：把条件不合适当作投入不够的借口

在最近一次找工作的时候，一直想成为企业咨询顾问的小西把目标转向了咨询公司。她知道咨询公司门槛高，自己的条件不够出众，求职会有难度，不过还是想试一试。

起初，小西热情高涨地一边投递简历，一边着手准备行业相关的证书考试。在几封简历石沉大海之后，小西有点坐不住了。她继续在网上浏览各种资讯，越发觉得自己实力不足，心里开始动摇。后来，小西觉得自己条件不合适，打算换个领域看看。

有经验的职场人士能够猜到，小西在后面的求职过程中，还会出现"条件不合适去别的领域看看"的情况。尽管小西转行的目标岗位确实有难度，的确存在她的条件"暂时"不匹配的情况，但是**更关键的问题不在于条件是否合适，而在于小西的有效投入是否足够。**

当问到小西除了在网上浏览信息之外，她在简历优化、专业证书备考方面实际投入了多长时间时，小西思索了一会儿回答说："大概 10 多个小时。"

面对"一生会做六份工作"的时代变化，很多人会经历两三次行业与职业的转换。每个人在新领域中成为行家里手前，都是新手，条件都不成熟。这个时候如果早早以条件不合适进行"自我劝退"，很难说不是逃避困难的借口。如何避免"自我劝退"呢？如实记录下自己为新领域投入的有效学习时间是一个不错的方法。**从大量案例来看，在新领域的有效投入如果没有 100 个小时，连"自我劝退"的资格都没有。**

小西的故事有很多值得总结和反思的地方。如果你跟小西有类似的经历也不必过于着急，重要的是通过这个案例，看到在个人成长与职业发展道路上我们容易走进的误区，借此机会进行反思总结。

普通人进化成高手的"三大心法"

> 生活的目的在于自我发展。
>
> ——奥斯卡·王尔德，《道林格雷的画像》

小西因为缺乏定力，陷在误区里打转，看似做了很多努力，实际效果却不甚理想。那么，那些定力十足的高手又是怎么做的呢？他们是不是从来不会迷茫，一直顺风顺水呢？

林岚是 80 后，学的是通信专业。研究生毕业后先在一家小型企业做工程师，后来经过自己的努力成功跳槽到一家世界 500 强公司，在这家公司持续服务了近 10 年后，取得了不错的成绩。

林岚的职场进阶路并不是一帆风顺的。每隔几年，她就会有一段迷茫期，会感到焦虑和压力。我们把她在职场十年成长的关键节点梳理出来，然后绘制成一张图，发现了一个有趣的现象：**每次林岚感到迷茫的时候，都是她下一段成长期开始的预兆。**

林岚研究生毕业后的第一份工作是在一家小公司做工程师，工作内容琐碎，但她也能胜任。林岚很清楚这份工作只是为了糊口，如果想要有更好的发展就需要到更大的平台去，接受更大的挑战。于是，她入职第一天就告诫自己不能贪图安逸，要找机会跳转。虽然她有不错的前瞻性，但还是避免不了拖延的本性，她没有立即行动。直到一年后，公司人员调整导致内部动荡不安，林岚工作开展困难，才紧张地行动起来。

要想从小公司跳槽到大平台并不是一件容易的事，林岚面试了十多次都失败了。林岚肯定很难过，但她知道这一关必须冲过去，于是她安慰自己：**每一次面试失败都是在为下一次更好的表现做演习**。她不断总结经验，终于在 4 个月后成功拿到了一家规模超过 1000 人的大公司的录用通知，如果入职，她的收入也会大幅提高。这对她来说简直是救命稻草！

在短暂的激动欣喜之后，林岚冷静下来评估了岗位内容，觉得并不是自己最心仪的。虽然该公司比第一家公司好很多，但还是有很大的局限性，考虑到长远的发展，林岚最终拒绝了这个职位。

"既然已经冲刺了，不妨做得再好一点。"林岚对自己说。林岚放弃这个职位之后，准备休息一周再继续找工作。没想到，就在这个时候某世界 500 强公司给林岚打电话邀请她去面试。有了前面多次失败的经验，再加上一点运气，林岚最终成功拿到了这家知名 500 强公司的录用通知。林岚的第一次跳转最终得到了不错的结果。

在新公司的前两年，林岚感觉像是度过了一段蜜月期。工作上，她能够跟更优秀的工程师互相切磋。生活上，因为驻地项目，她也经常会到海外出差，于是在芬兰、瑞典、日本、韩国等国家都有了两三个月的居住体验，实现了小时候想都不敢想的全球旅行。

到了第三年，林岚感觉自己在技术方面成长到天花板了。她大学选择技术专业主要就是为了好找工作，谈不上喜欢，因此难有深入钻研下去的动力。林岚知道职场是讲究专业度的，即便自己不喜欢也要保障工作顺利完成，手上交出去的活绝对不能出错。

这种不出错的工作水平让林岚感到很不安。她觉得再这样下去自己很快就会被淘汰。"不能总是贪图海外出差了，"林岚暗下决心，"我得有过硬的本事才行。"之后，林岚向老板申请减少出差次数，工作之余开始锻炼身体、补习英语。虽然她不知道接下来的方向在哪里，但是先行动起来总是有机会的。林岚回想起当年跳槽换工作的奋斗经历，忐忑之余对自己还是很有信心的。

果然，不到半年时间老板就给了林岚一次公司内部转岗到售前岗位的机会。林岚从来没有做过售前，而且售前岗位的总体薪水降了一半。不过考虑到长远发展，林岚还是选择了转岗。

转岗第一年，林岚从零开始恶补，经常加班熟悉业务流程、主动向老同事请教，工作开始慢慢步入正轨。全情投入为林岚带来了收获：在四次年度考评中，她有三次被评为优秀。因此，老板任命她担任部门的总方案负责人。林岚主动给自己增加难度，工作水平从"不出错"达到了"非常优秀"，成了有技术基础又懂项目沟通的复合型人才。

听到林岚这段故事的时候，她正处于新的迷茫期。2020 年，她所在公司的业务量受环境影响开始下滑，林岚也趁机开始思考工作的意义是什么。尽管前路迷雾重重，心里也没有答案，但是两次职场进阶的经历已经让林岚领悟到：迷茫是新变化来临的探测器，勇敢面对、行动起来，总能迎来新的成长。

和小西一样，林岚也是许多职场人的缩影，你能从中看到自己的影子。不是谁都能成为天才，但是我们可以通过不断进化成为高手。从林岚的故事中，我们可以总结出高手进化的三大心法。

心法一：不安于现状，渴望真正的成长

林岚两次职业跳转都源于对现状停滞的不满。从向往更大的平台到不满足于"不出错"的工作水准，这股让自己成长的动力指引着林岚走在成为高手的路上。林岚是幸运的，经过了几次挑战，获得了面对未来不确定时保持成长的力量。高手除了幸运，更多的是理解了何谓真正的成长，从而在发展中找到自己的结果。因此，我们会说：不安于现状，理解真正的成长，是高手进化的重要心法之一。

说"成长"会有种鸡汤的感觉，毕竟没有人会否认自己想成长。我们更喜欢成长的另一种表达——当谈论成长的时候，它不应该只是自我满足的获得感、比他人优秀的优越感，又或者是害怕落后的恐惧感。无论是何种感受，都会歪曲成长的本质内涵，无法带来真正持久的自我充实感。

我们说"自我成长"，会让人误以为成长只是为了自己，是完全个人的事情。如果这样理解自我成长，它的力量会变得局限，同

时难以持续。在小西和林岚的故事对比中，我们可以感受到当一个人不只是追求自己能获得什么，而是去追求自己能承担什么，追求为团队和公司创造更出色的成果时，它的力量就会变得醇厚而持久。

真正的成长不仅与自我有关，更与他人相关；真正的成长不仅与获得有关，更与承担有关。当你鼓起勇气为更多人承担的时候，你会朝着管理者成长；当你迎难而上承担更复杂的事情的时候，你会朝着专家成长；当你抵制住诱惑为更长远的问题负责的时候，你会朝着引领者成长……

这些成长的源头都是不安于现状，那我们如何判断自己不安于现状的状态？我们要理解自己的做事状态与成长状态。卡耐基在《人性的弱点》一书中说过，接受责任是迈向成熟的第一步。当你准备好接受责任时，那就尝试着去面对自己成长的真相吧。

心法二：舍得了诱惑，做得了取舍

"追求成长"也具有两面性，它会驱使想要成为高手的人不断给自己设定目标和安排学习计划，而不加取舍的目标往往会演变成没有目标。**在成为高手的道路上，更加高阶的考验是"舍得了诱惑"以及"做得了取舍"。**

小西既想要考研提升学历，又想要考取专业证书实现转行，什么都想要，最后就是什么都做不好。林岚既想要海外出差的丰富体验，又想要突破工作瓶颈，最终做出取舍，放弃了工程师岗位，降薪去了新岗位，实现了一次突破。

谈到"诱惑"和"取舍"，巴菲特和他的飞行员的故事特别值得我们深思。有一次，巴菲特和他的私人飞行员杰克聊到了职业目标。巴菲特让杰克列出他未来几年或者未来的人生中想要做的最重要的 25 件事。

杰克花了些时间，列出了一张包含 25 个目标的清单。然后，巴菲特要求他仔细思考并圈出其中最重要的 5 条。杰克很犹豫，因为对于他而言，每一条都足够重要。在巴菲特的坚持下，杰克重新检查了清单，圈出了其中 5 条。

巴菲特问杰克打算什么时候开始以及如何去完成这 5 个最重要的目标。"我准备尽快开始。我明天就开始做，不，我今晚就开始。"杰克说。接着，巴菲特问起另外 20 个目标怎么办？杰克信心十足地说："这样吧，我把主要精力放在最重要的 5 个目标上，另外 20 个目标我会在达成 5 个重要目标的过程中抽空去做。"

这时，巴菲特突然严厉地说："不，杰克，你错了。你没有画圈的那些，就是你'坚决不要碰'的清单。无论发生什么，在你成功达成最重要的 5 个目标之前，绝对不要碰那 20 个目标。"

这就是高手的思维，他们的头脑中能够同时存在两种截然不同的思考方式，还能让头脑顺畅地运转。巴菲特知道为目标采取行动的重要性，他鼓励飞行员大胆畅想，而不会担心自己会失去一名出色的飞行员。更值得学习的是，巴菲特还知道偏离目标行动的可怕之处，所以他告诫飞行员要像躲避瘟疫一样远离其余 20 个次重要的目标。

巴菲特的这个故事给了我们很大的启发，后来在研究高手心智的时候，我们会特别留意他们是如何杜绝"什么都想做"的诱惑的。其中一位上市公司的年轻 CEO 分享的方法让我印象深刻，他说："我每天的工作就是做好四件事。第一，想方设法掌握最新的、全面的一手信息；第二，要有充足的时间来思考和辨别信息；第三，基于前两个信息做出'不做什么'的决策；第四，用各种方式向团队反复、清晰地传达为什么我们不做那些事情。"

从"股神"巴菲特、青年才俊企业家，再到像林岚这样的高手身上，我们可以看到持续行动和拒绝行动之间的美妙平衡。虽然每个人的成功都有其不可复制的因素，比如时代背景、家庭环境和受教育程度等，但是高手的思维方式是可以借鉴的。有了高手的思维方式，我们才有可能实现真正的弯道超车。

心法三：行动上做到持续迭代，心态上做到延迟满足

我们在咨询中深入了解过许多优秀的年轻人，他们在某些方面都取得过超出平均水平的成绩：有的是国家级英语大赛的一等奖获得者；有的是互联网独角兽公司的副总裁；还有的是二十岁出头就收获创业第一桶金的青年榜样……这些成长型高手身上都有一个共同的特点——持续行动、延迟满足。

他们并不是零拖延的完美人物；相反，他们对自己的行动力时

常不满意。就像林岚，她在决定换工作的时候也会有拖延的情况；在学习新领域知识的时候，她也会有一两天消极怠工；在安逸的舒适区也会舍不得离开。然而，这并不妨碍他们在工作中实现一次又一次的突破。

在小西的故事中，我们看到人在热情高涨的时候开始第一步行动是容易的。而高手的能力往往是在进展缓慢、挑战巨大、受打击挫败时，在复盘迭代、持续行动中养成的。林岚在面对十多次面试失败的打击时，能够稳住心态，不断优化简历、总结面试经验，把失败经历转化成第一手经验，等到真正的机会来临时才能稳稳抓住。

当注意力回到过程、回到一步步行动上时，持续投入自然会换来该有的结果。我们经常说的魔法不是执行力，而是不断理解现状、分析情况、优化行动的过程。如果可以，我们更愿意把执行力称作执行过程力，以此来强调有结果的执行绝不是片刻的，是要在时间与空间中锻造的。

成长"攀岩"模式——从三大心法到个人结果达成力

2019 年下半年，创投圈里开始流行一部"奇特"的纪录片，它没有跌宕起伏的故事情节，主人公的经历离普通人也很远，却引起了各行各业人士的"共鸣"。罗振宇在罗辑思维 2020 跨年演讲中，直言这是一部创业者必看的纪录片，它就是奥斯卡最佳纪录长片《徒手攀岩》。

《徒手攀岩》讲述的是美国职业攀岩手亚历克斯·霍诺德成功徒手攀登酋长岩的故事。徒手攀岩是比无保护攀岩更危险的极限运动，在攀岩过程中唯一的工具只有双手。攀岩者一旦开始，只有两种结局：要么登顶，要么丧命。

酋长岩在千万年冰河的洗刷下，被磨成了一块光溜溜的岩壁。整个酋长岩几乎与地面垂直，除了少数裂缝、夹缝外，无从下手下脚，徒手攀岩者很多时候只能借助前脚掌"扒"在岩石面上，利用岩石面上的微小起伏和粗糙颗粒来获得摩擦力以支撑身体重量。因此，酋长岩被公认为是攀登难度最高的岩壁之一，徒手攀登酋长岩更是"绝不可能完成"的任务。

亚历克斯准备了近 10 年，带绳攀登了酋长岩 50 余次，经常花一整天时间把自己吊在岩壁上进行练习。他还观察了不同季节、不同时间光线和风向的影响，尝试了不同的路线，研究适合自己身体机能的攀爬路径，记下所有的攀爬动作。900 多米长的岩壁就这样被亚历克斯分成段、切成步，每一个动作他都烂熟于心，加上经年累月的体能和心理训练，最终才成功完成了这项几乎被所有人认为"绝不可能完成"的任务。

虽然观众都觉得这是一项极限运动，但在亚历克斯看来，只要进行大量正确的准备，徒手攀岩就没有那么危险。在一次采访中，亚历克斯说："我的成功是建立在无数次带绳试攀爬、记录和熟悉每一个岩点，以及无数次失败的基础上的。在这次挑战之前，我几乎做到了所有能想到的准备和训练，我把风险降到了最低。"创业者之所以追捧这部纪录片，是因为徒手攀岩像极了创业过程：充满未知和不确定性，需要极好的心理素质和体能，还要有远超过平均水平的专业技能，即便这样依然无法确保不会失败。面对复杂性、不确定性和"要么成功，要么失败"的局面，创业者和亚历克斯一样，能做的就是进行"大量正确的准备"。

从复杂与不确定性的角度来看，个人成长也很像徒手攀岩，每个人都有自己的"酋长岩"需要攀登，也需要进行"大量正确的准备"。有意思的是，在亚历克斯为徒手攀岩做的准备工作中，我们看到了与本书所提类似的要素。

亚历克斯对酋长岩的环境、所属气候进行了多次勘察，以此来直观感受自己面对的局面。超高难度让亚历克斯望而却步，每一年他都驱车前往酋长岩，但是每次都不敢开始攀登。这个过程如同本书第1章探讨的内容：在科技发展加速的背景下，当代职场人面临着传统职业加速消失、新职业多变的局面。面对这种职场"攀岩模式"，一些人选择安守舒适区，更多的人则像亚历克斯一样，选择在恐惧中前行。

徘徊犹豫了八年后，亚历克斯决定着手进行攀岩准备。经过测试攀岩，他选择了经典路线"搭便车"——全长 3000 英尺（约 914 米），共 33 段，其中多个路段被称为死亡路段。亚历克斯对各个路段进行了单点突破式训练准备，比如在"极限平板"路段重点解决如何在最小着力面积上借助坡度、摩擦力稳住身体重心；在"怪兽大裂缝"路段重点适应裂缝对身体的挤压；在"耐力角"路段找到用双手拉力支撑体重的方法……

这个过程很像本书第 3 章对个人成长周期阶段的探讨：在自主的学习者阶段，重点解决确立志向的问题；在合格的职场人阶段，重点打造职业作品；在出色的业务高手阶段，重点任务变成聚人成事……当然，我们并不认为个人成长只有这一种路径。只是不同的人生之路，也像酋长岩一样，存在着经典路径。**在经典路径上分阶段各个突破，不失为一种提高成功概率的策略。**

在分路段训练时，亚历克斯非常注重发挥自己的身体优势、弥补短板。亚历克斯的体格偏小，为了进一步减轻自重，他一直坚持吃素以控制体重。同时，亚历克斯的四肢偏长，能够在岩壁上抓踩到更多较远的支撑点，为了充分利用这一特质，他在日常基础训练中刻意增强四肢力量。他攀岩时不喜欢有人围观，但是为了配合完成拍摄，他花了一年时间调整自己，最终找到了与摄像机共存的攀岩状态。

这一部分类似于本书第 4 章关于个人特质的内容。面对同样的经典路径、分段任务，更了解自己特质的人才能更好地摸索出适合自己的经典方法。

有了对酋长岩总体环境的认知，确定了经典路线，分割了路段任务，亚历克斯根据身体优势找到了完成各个路段的训练方法。在日常训练中，亚历克斯是如何确保自己的执行落到关键点的呢？换句话说，他如何确定自己的训练是有效的，而不是瞎忙呢？

这得益于亚历克斯每次试攀登后的关键复盘。他有一个笔记本，上面写满了心得体会。在总结第 26 段大尖角时，亚历克斯这样写道：

> 左脚外伸踩住大尖角，右手手指抠入小洞，左脚外伸踩到内角，把重心推向右脚。右手向下拉平小抠点，左手抓住另一个，在水平长的小点换脚，够到对面的手点，难点就过去了。通过难点的关键是：手用力拉，相信脚下，相信直觉。（亚历克斯在"相信"两字下画上横线和感叹号）

亚历克斯通过复盘找到了自己经过大量训练依然无法完成某些路段的关键卡点：不相信右脚和直觉。于是他给自己建立了"评价反馈清单"，在脑海里想象攀登的关键动作，不断提醒自己修正旧行为，建立新行为。这就是本章重点探讨的内容——在个人为成长做出的众多努力中，为哪些事努力才是有效的努力？通过哪些关键行为才能实现预期的目标？

我们在前文讲了高手成长的三种心法，分别是：不安于现状，理解真正的成长；舍得了诱惑，做得了取舍；行动上做到持续迭代，心态上做到延迟满足。

借由这三种心法，再加上长期的个案观察、人物访谈和亲身试验，我们总结了有效努力的核心能力——**结果力**。下面我们来介绍什么是结果力以及如何培养自己的结果力。

成功的标准有很多，但成事的背后有规律

我们并不鼓吹所谓的成功，一个人要获得世俗意义上的成功涉及的因素太多，这是一个难以预测的结果。一个人成功之后，人们往往会反过来再寻找他成功的一些因素。这些因素可以借鉴，但他的成功过程是不可复现的，其中的要素也是不可全信的，即他人的成功是不可复制。在本书的开头，我们也表达过，当下关于个人职业发展的整体变化也和人们逐渐树立的多样化成功观有关。

成功的标准有很多，但把事情做成的背后有一定的规律。因此，我们反复研究的个人结果达成力从来不是去探求一个人如何获得成功，而是去挖一挖人们常说的"做事要有结果"的背后是什么。

个人结果达成力强调的是一种能力，一种在追求结果、打造职业作品的过程中展现出来的个人素质、素养，一种做事的章法。每个人在行动的时候都期待有一个好的结果，但最后的结果如何有许多不可控的因素，不过在追求结果的过程中，我们可以让自己做事

更有成效、更笃定一些。更强的达成能力会让得到的结果更可控，让职业作品更优秀。

在大量案例分析和经验总结的基础上，我们提炼出了"结果达成力"模型，为"做事有结果"解构出"理解 – 分析 – 执行"三步循环曲，从而帮助读者在前进的道路上做到有的放矢，有迹可循。

个人结果达成力模型

个人结果达成力模型（CAI 模型）分为理解力（comprehend）、分析力（analyze）与执行力（implement），详见图 2–1。

图 2–1 个人结果达成力模型

接下来，我们按照从理解意义到练习，再到运用的逻辑给大家讲解**个人结果达成力模型**。

理解力

理解力是指在认知层面充分了解新信息，并可以最终处理的能力，就是能快速、准确地解读对方所要表达的意思。其中"对方"可以是人、书本或者任何向你发送信息的一方。比如，我们上学的时候，老师讲课，有的人听一遍就懂了，有的人听十遍八遍还是稀里糊涂的，这就是理解力强与弱最直接的体现。

我们进一步把"理解力"拆解成三个要素——目标理解、关键提取、灵活应变，从这三个方面帮助大家提升自我的结果达成力（见表 2–1）。

表 2–1　　　　　　　　　　　**理解力的三个要素**

理解力	目标理解	通过反复沟通、澄清，描绘出预期结果，使最终目标清晰化（符合 SMART 原则）
	关键提取	在模糊分散的信息、步骤、局面中，能快速捕捉到切入点
	灵活应变	遇到临时变化能够快速了解现状并适应新局面

目标理解指的是通过反复沟通、澄清，描绘出预期结果，使最后的目标清晰化（比如符合 SMART 原则）。史蒂芬·柯维在他享誉全球的畅销书《高效能人士的七个习惯》中提出的第二个习惯，也是我们成熟的标志之一——要达成一个目标，你必须先学会如何制订一个好计划。我们在日常生活中经常提到的那些所谓计划，要么是只有目标没有具体行动，要么是只有一个个待办任务而没有目标……我们在目标理解这件事情上首先要学的就是对目标进行标准

化，这就涉及我们常说的 SMART 原则。

S（specific）指的是明确的、具体的。比如，我的目标是要幸福，这个目标本身没有错，只是我做不到而已，因为幸福的定义不明确。你可以用清晰明确的行动指标来替代这个目标。比如，我的目标是有一份稳定的工作，有一个爱自己的老公，每周能一起去看一次电影，每年去旅行一次。

M（measurable）指的是可衡量的。目标是否达成需要衡量。比如，你说"我们的目标就是让客户满意"，那怎样才算满意呢？这个无法衡量。你需要加上一组数据，比如"用户评分在 9.5 分以上"，这样就能衡量目标是否达成了。

A（achievable）指的是可达到的。你不能一上来就定一个不可实现的目标。同时，目标的达成一定是自己可以控制的，而不能把目标达成与否寄托在他人或者你不可控的事情上。比如，不能把目标定为下半年能够升职，或者是他能更喜欢我。这些你自己不能控制，因为决定权在对方。

R（rewarding）指的是完成后有满足感的。不能设定太远的目标，那你就设定一个通过努力可以实现的。太近、太容易的目标，即便完成，你也不会有愉悦感和满足感，那么这就不是一个好目标。它会让你在过程中失去对它的渴求，你也就失去了动力。

T（time-bound）指的是有时间限制的。一定要有时间限制，不然任何目标都没有意义。比如你的目标是赚 100 万元，那是准备多久达到目标呢？ 1 个月，1 年，10 年，还是 50 年？不同的时间限制会导致你思考的方式、制订的计划完全不同。如果没有时间限制，这个目标就会成为一句口号，起不到任何作用。

关键提取指的是在模糊分散的信息、步骤、局面中，能快速捕捉到切入点。同样看一本书，别人可以很轻松理解并融会贯通，而你却看得不知所云；沟通的时候，别人可以很快理解对方表达的意思，而你点了一百下头还是一脸茫然。排除表达者本身的问题，你可以从自我出发，想想到底是哪里出了问题？这里就涉及一项非常重要的能力——关键提取。

那么如何锤炼提取信息的能力呢？

第一，明确主题。要明确对方传达的主题或中心思想。这是理解的前提和核心。如果对方传达信息前已经告诉你这是关于什么的信息，你就会非常容易理解，因为即使理解跑偏，也不会跑太远；相反，如果对方没有告诉你相关内容就开始向你传递信息，你就很容易迷失。

第二，剔除冗余。要剔除冗余信息，保留关键部分。当我们在面对长篇累牍的文章或者滔滔不绝的演讲时，仔细挑出来哪些是重点，哪些是修饰，把重点信息记住即可。

第三，梳理结构。要注意梳理关键词之间的逻辑关系。对方描述信息的时候一定会围绕一个主题展开，你在主题下找关键词的时候，把关键词间的逻辑关系以金字塔结构串联起来，这样逻辑就会非常清晰。

第四，要化陌生为熟悉。人类需要通过比喻来思考。我们对新事物或者复杂事物的理解，是借助其与已知事物的关联。譬如，一般来说，我们很难从空泛的角度思考人生，但如果用"人生犹如一段旅程"这样的比喻，我们就能得出一些结论：踏上这段旅程之前，我们应该先了解地形，选好方向，找几位好伴侣，如此才能好好享受这段旅程。

灵活应变指的是遇到临时变化能够快速了解现状并适应新局面。为什么要在理解力中加入"灵活应变"呢？

我们认为，灵活应变是指面对临时变化能够快速了解现状并适应新局面。古语有云"随机应变，则易为克珍"，意思是说随时机调整策略就容易战胜对方。天地间没有不变的事物，所有的事物都是时时在变。学会应变、善于应变、精于应变，能够随着时势、事态的变化从容应变，这是一个人做事时需具备的本领。无法认清客观形势的变化，不能随着客观形势的变化而变通的人，最终什么事都做不成。

事情的成败受到许多主客观因素的影响，我们只有把握住最有利的条件和机会，选择最恰当的方式，才能成功。只有能够随着时间、地点和机会的变化而灵活地做出不同选择的人，才能把握住"拿到结果"的主动权。

在平时，我们遇到问题可以不局限于已有办法，而是要主动跳出思维定式，寻找更多、更好的办法。同时，多读书，多交流，试着从不同的维度和视角看待问题。

分析力

分析力由以下三个方面组成（见表 2–2）。

表 2–2　　　　　　　　　　分析力的三个要素

分析力	问题识别	通过一定的方法与思考，找出理想与现实差距的关键所在
	提供方案	出现问题、遇到卡点时，积极提供建设性的解决方案
	要事优先	在一定时间内，按照事情或任务的轻重缓急排出优先次序，合理分配时间和精力

前面我们重点讲了理解力，其中包括目标理解、关键提取等。在达成目标的过程中，一定会出现偏差，遇到各种各样的阻碍，那就需要一个非常关键的环节——分析。分析理想与现实的差距在哪里，分析卡点，找到正确的解决方案，分析千头万绪的任务中哪个才是重点。这也是使整个过程形成一个闭环的过程。

找到问题所在，就成功了一半。接下来，我们首先要做的就是**问题识别**。问题识别指的是通过一定的方法与思考，找出理想与现实差距的关键所在。

电影《教父》中有个桥段，教父柯里昂说："花一秒钟就看透事物本质的人，和花半辈子都看不清事物本质的人，注定是截然不同的命运。"

如何看清问题的本质呢？在咨询领域，界定问题－分析问题－呈现问题是一门必修课。高手和低手往往是在这三个方面拉开差距。

首先，我们要明确问题的定义，问题是目标与现实之间存在的障碍或者差距，即在努力接近目标时，阻碍接近目标的原因或者现象。这一定义说明了问题是主观世界的认知、期望与客观世界的现实产生了偏差，理想与现实的差距或者障碍就是问题所在。找到问题所在后，我们就要拿出解决问题的方案。

提供方案指的是出现问题、遇到卡点时，积极提供建设性的解决方案。

问题难以解决常常源于以下三个方面。

- 价值体系：价值主体、责任人不明确，问题范围不清晰；共事人的价值观念不一致，即 A 有 A 的想法，B 有 B 的猜测。
- 事实认知：对问题的理解不足，或者缺乏依据；判断上先入为主，没有足够重视事实的重要性。
- 解决方法：缺乏相应的解决问题的流程、机制；方案不足，固执己见。

当我们找到问题、确定了相应的解决方案之后，在执行的过程中一定遇到过这样的情况：要解决的问题太多了，要做的事情太多了，可是时间、精力有限。这就是在考察我们达成结果的非常重要的一项能力：要事优先。

要事优先指的是在一定时间内，按照事情或任务的轻重缓急排出优先次序，合理分配时间和精力。

执行力

如表 2–3 所示，执行力由以下三个要素组成。

表 2–3　　　　　　　　　**执行力的三个要素**

	信息搜集	遇到问题时，通过各类渠道搜集相关信息，进一步筛选整理出想要获取的信息
执行力	结果导向	做事有结果，不半途而废，没有回音
	行动执行	选择合适的方法，快速开展行动并密切跟踪进展，排除障碍，确保工作有效执行

沃尔玛公司董事长罗伯森·沃尔顿说："沃尔玛能取得今天的成就，执行力起了不可估量的作用。如果你希望成为一名优秀的 **CEO**，或者希望将企业的挑战性目标变为现实，就必须依靠执行力。"美国 **ABB** 的原董事长巴尼维克也曾说过："一家企业的成功 5% 在战略，95% 在执行。"

那么，如何提高执行力呢？

真正的执行力是指在对现状、目标充分理解的前提下，以结果为导向搜集相关信息，在此基础上做出高水准的行动。一个人只有这样才能成事，进而获得反馈与收益，才算具备了真正的执行力。

信息搜集：通过各类渠道搜集相关信息，进一步筛选整理出有用信息。我们要养成"不懂就搜"的习惯，当遇到问题时尽可能动手去搜索一下，看是否有相应的解决方法。很多时候，我们直接搜索就能得到相应的答案。

结果导向：做事有结果，不会半途而废，没有回音；这里的"结果导向"强调的是有交代，有回应，并不是唯结果论。巴菲特曾说过：靠谱是比聪明更重要的品质。靠谱说起来简单，落实下去困难。世界上的聪明人太多，靠谱的人太少。那么一个人靠不靠谱就看两点：凡事有结果，事事有回应。

行动执行：在前两点的基础上选择合适的方法，快速开展行动并密切跟踪进展，排除障碍，确保工作有效执行。

无法行动起来是很多人的弊病，也是一个人最大的绊脚石。我们要找到那个行动不起来的原因，面对它、克服它，这是第一步，也是最重要的一步。有执行力的人会知道怎么做，也知道为什么这么做，然后还能做到，最后使行动达成目标。

表2–4再次总结了个人结果达成力模型，以便读者从整体上把握其内容。

表2–4　　　　　　　　　　个人结果达成力模型的内容

			定义
个人结果达成能力模型	理解力	目标理解	通过反复沟通、澄清，描绘出预期结果，使最终目标清晰化（符合 SMART 原则）
		关键提取	在模糊分散的信息、步骤、局面中，能快速捕捉到切入点
		灵活应变	遇到临时变化能够快速了解现状并适应新局面

续前表

			定义
个人结果达成能力模型	分析力	问题识别	通过一定的方法与思考，找出理想与现实差距的关键所在
		提供方案	出现问题、遇到卡点时，积极提供建设性的解决方案
		要事优先	在一定时间内，按照事情或任务的轻重缓急排出优先次序，合理分配时间和精力
	执行力	信息搜集	遇到问题时，通过各类渠道搜集相关信息，进一步筛选整理出想要获取的信息
		结果导向	做事有结果，不半途而废，没有回音
		行动执行	选择合适的方法，快速开展行动并密切跟踪进展，排除障碍，确保工作有效执行

道理都懂，就是做不到

> 人生有限，不要将它浪费在重复他人的生活上。不要被教条所束缚，那意味着按照别人的思维方式生活。
>
> ——史蒂夫·乔布斯

因为从事咨询工作的关系，我们有机会深入了解各行各业职场人的成长路径。当积累了大量职场人三年、五年甚至十年的成长样本后，我们注意到一个现象：每个人在成长过程中总会有一两次从量变到质变的自我升级，比如跳槽到一家处于上升期的公司，或者碰巧接手了一个红利期项目，由此经历一次快速成长。

然而，这样质的成长对有的人来说就像赌桌上的运气，用光了就没有了，成长最快速的几年就成了他（她）职业生涯中的高光阶段，之后好光景就难以重现了。另一些人则不一样，他们好像破解了运气方程式，总能一次又一次地算准机遇、做对选择、实现跳转。这种运气方程式有个流行的说法叫思维方式。

原腾讯公司副总裁、国家文津图书奖获得者、硅谷风险投资人吴军博士写了一本书叫《见识》，书中他专门论述了思维方式的重要性。他在书中写道："当我们认清了决定命运的这些因素之后，当我们了解了古今中外各种智者、各种被命运垂青的人的思维方式后，当我们能够用它们来替代我们自身那种要么认怂、要么鲁莽地扇人巴掌的思维和行动后，我们就会有好命。"

吴军博士所说的能让我们有好命的思维方式并非封建迷信，而是对高手身上那种透过现象看本质、不断自我进化的能力的总结。

我们非常认同吴军博士对思维方式重要性的论述，除了《见识》之外，我们还阅读了不少关于思维方式的其他书籍。例如，我们在《终身成长》一书中了解到具备成长型思维方式的人，会将自己的短板看作成长可能性，然后不断打磨精进，让成长可能性变成成长现实。再比如，《跨越式成长》一书以数学学渣成为数学教授的故事为例，论述思维转换带来的跨界学习能力是如何让人收获不一样的人生的……

这些优秀的读物从不同角度给了我们精彩的见解，让我们受益颇丰。然而，当人们想要将这些高手思维方式应用于实际工作与生活中时，更常见的情况则是：

- 知道培养第二技能很重要，但是无法坚持；
- 喜欢多了解一些领域，学了不少却一个也不精通；
- 愿意多积累经验，却始终做简单重复的事情；
- 想要跟优秀的人多接触，但是没时间也不知道如何开始；
- 模仿别人的成功经验，花了很多时间效果却一般；
- …………

每当遇到这种"道理都懂，就是做不到"的情况时，我们经常归因于自己的努力还不够。结果就是我们没学到高手的思维方式，反而质疑自己的能力是不是低人一等。

庆幸的是，随着时间的推移，观察案例、样本数据和自身经验积累到一定量，一些发现可以让我们对思维方式有进一步的理解。诚然，思维方式的确很重要，但是众多论述思维方式的书籍都忽略了一个很重要的因素——**适配性**。

其实，适配性的例子在我们身边不少见。日常生活中，我们都认同健康的身体对生活品质的重要性，同时也知道身体不同生长阶段需要不同的营养健康方案；牛顿三大定律用于解释物体运动规律，但现代物理学发现牛顿定律的适用范围是宏观物理世界，微观物理世界中物体的运动则需要用量子力学来解释。

同理，在个人成长领域，思维方式的运用也应该考虑适配性。

"成长性思维""跨越式成长"等概念之于个人成长，就像健康之于生活品质，在长周期的群体范围内看呈正相关；但就单一个体、从短期来看，则显得颗粒度不够精细，运用到个体身上效果自然大打折扣。

我们基于上述发现，希望通过本书将前人总结的共性思维方式与个人成长的不同阶段进行适配。我们会通过真实案例、模型方法，把高手思维方式的颗粒度细化，让道理不再停留在理论层面，而是能够做到可分解、可量化并且可落地。

跳出个人发展迷宫的两大法宝

> 人类在生长过程中，必须经过各种不同的阶段。而且，在每个阶段中也都有独到的优点与缺点。
>
> ——歌德，《箴言与省察》

我们 10 多岁的时候，纠结要不要跟暗恋对象表白；20 岁出头的时候，纠结找什么样的工作；工作三年之后，纠结要不要跳槽去别的领域发展；工作七八年之后，纠结要不要往管理岗位发展；人到中年的时候要纠结的事情更多了：结不结婚、生不生孩子、回不回职场……一个接一个的选项组成了人生这座迷宫。我们身处迷宫之中，看不清接下来会发生什么，难免对选择患得患失。

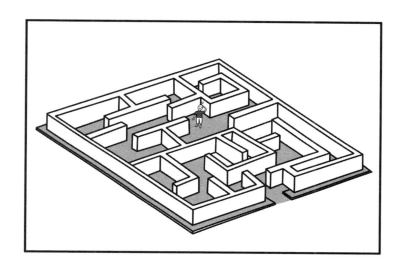

面对人生迷宫，你可以选择横冲直撞，不达目的誓不罢休；也可以选择顺其自然，接受每一次选择带来的结果。除此之外，人生其实还有第三种选择，那就是站在迷宫之上解谜题。

当你能够站到高处、俯瞰人生迷宫时，能清楚地看到当下的十字路口在整个迷宫中是什么位置、意味着什么，自己又处于什么阶段，身上有哪些装备，是否适合这条规划线路。通过这些外部环境视角与内部自我视角，很多让我们犹豫不决的问题往往能迎刃而解。

当然，站在迷宫之上并不意味着你的人生就一帆风顺了，该努力还得努力，该取舍还得取舍。只不过会比身处迷宫中的视角更全面一点、看得更长远一些，进而能发现哪一段路是绕不过去的，哪一段路一直在兜圈子。

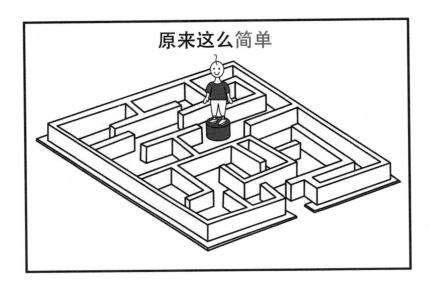

有了这些发现，你就会看到困局其实都是自己造成的，也是自己能改变的，你的心态和意识就会发生变化。意识层面的改变才能带来行为上的真正改变，很多理论也才能落实到行动上。看起来，你还是在用以前的方法做着平日常做的事，但是由于意识变了，做事的力道就不一样了，结果自然就会不一样。

前面我们说人人都知道思维方式的重要性，但不是人人都能做得到改变自己的思维方式。听别人说思维方式重要，相较于你站在迷宫之上自己看到思维方式是如何影响你的行为的，哪一种更能让你真切领悟、激发行动？答案不言自明。

其实，思维方式并不是现代人的原创，站在迷宫之上看人生也早有前人总结。美国波士顿大学教授、"职业辅导之父"弗兰克·帕森斯（Frank Parsons）就曾对第二次工业革命后人们的工作模式进行过一次思维方式的升级。

弗兰克·帕森斯生活在 19 世纪末 20 世纪初，恰逢两次工业革命彻底改造人类社会的时期。当时，大量劳动力从农业生产领域转移到工业生产领域，传统"看天吃饭"的思维方式逐渐过时，针对如何让人们像适应农田劳作一样去适应工厂中的工作，帕森斯提出了著名的特质因素理论。他在一次演讲中详细说明了这种个人与职业的匹配关系。后来的学者将其总结为以下三点，成为职业生涯管理理论的基础框架：

- 要清清楚楚地了解自己的人格特征，包括能力倾向、兴趣价值和人格，以及这些特质的成因；
- 要明明白白地知道在工作中取得成功所必须具备的条件和资格，了解有关职业信息，如工资待遇、就业机会与发展前途；
- 要实实在在地推论以上这两组事实之间的关系。

帕森斯将个人特质、职业因素以及二者之间的关系整合起来，为我们提供了一种站在迷宫之上的视角。如果能就这三方面进行深入分析，个人成长路上的绝大多数问题基本上都能找到解决方案。建立在了解自我、了解外部环境以及二者动态关系基础之上的解决方案，即便不是最优的，也远远胜过身处迷宫之中，在随机、冲动、情绪化情况下做出的选择。

在研究方式上，西方学者擅用拆分思维。以帕森斯为例，把工业革命之后新型劳动力的职业适应问题拆分成三个角度来分别研究。东方智者更擅用整合思维,《周易》中对宇宙规律的描述是"易",《道德经》中对生命起源的描述是"道",而《论语》中对君子的描述是"仁"。

相应地,在面对人生迷宫这件事上,东方思想有着截然不同的视角。两千多年前的孔子同样处于社会变化加速的时代:诸侯争霸、百家争鸣。孔子将视角放在精神世界,认为人生只有一件重要的事情,那就是提升自我修养,并提出了传诵千年的人生修为示范:吾十有五而志于学,三十而立,四十而不惑,五十而知天命,六十而耳顺,七十而从心所欲,不逾矩。

如今,我们生活的信息时代与孔子当年身处的环境已经发生了翻天覆地的变化,然而关于如何面对人生迷宫、如何过上充实而安宁的人生,孔子的思想与帕森斯的既有不同的视角,又有异曲同工之妙。

帕森斯的特质因素理论侧重于个体内在特质和个体所处外部环境的交互影响。孔子的思想更侧重于人在一生中的精神内核的锻造。前者是微观视角,后者是宏观视角;前者注重个性,后者注重共性;前者着眼于当时当下,后者着眼于以终为始;前者研究个体如何适应变化的环境,后者研究变化的环境中什么是个体不变的心智内核。

对我们而言,在"人生迷宫"这个隐喻中,帕森斯特质论像是我们身处迷宫中时，帮助自己在十字路口辨识方向的方向标；孔子的修为论则像是我们站在迷宫高处，帮助自己看到十字路口在整个迷宫中的阶段性意义的标识。如果我们能将两种思想整合起来，形成一种上能谋战略、下能做战术的思维方式，那成长过程中的挫折与困难就像迷宫游戏里的路口关卡，我们只要经过有效训练，就可以实现快速通关。

　　因此，我们将两种思维方式整合起来，总结出个人职业成长的阶段模型和个人职业发展特质模型。我们从修为论视角将个人成长分为不同修为阶段，又从特质论视角分析出不同修为阶段适配的环境因素、能力特质和心智内核，给出了适配的解决方案，帮助个人在成长道路上分阶段、有步骤地实现能力的进化。

第 3 章

个人职业成长阶段

与人生共处的四种状态

> 照看命运但不强求，接受命运但不卑怯。
>
> ——路遥，《人生》

《史记·货殖列传》中写道："天下熙熙，皆为利来；天下攘攘，皆为利往。"人们一生奔波劳碌，虽然大多数人在不约而同地追名逐利，但面对生命的态度却各不相同。我们将从心智和意识层面探索成长的适配性，帮助大家识别自己**处于人生的哪种状态**，从而找到适配的个人成长阶段。

在撰写本书期间，我们观察过很多咨询案例。无论是自由职业者的职业选择，还是知名企业家的个人意识进化，都能让我们发现每个人的生命状态都是不同的，而且每个人所具有的独特生命状态更像是具有周期性一般，在不同事件中反复出现。

因此，我们在很多咨询案例中反复强调探索个人模式对人的影响：在不同事件中反复出现的相同或者相似的决策标准具有非常强的个人特征。

我们经常听到人们讲跨越周期。对于个人成长和变化来说，跨越自己的周期就是跨越自己的"模式"。我们更喜欢用原本描述投资和股票的一段话描述如何利用成长性来跨越周期。

有一本书叫作《投资中最简单的事》，书中探讨的是一些关于投资本质的最简单的原则和理念，其中关于股票因成长性而跨越周期的表述对于个人成长很有启发。

　　市场低迷时，周期性成长股是最值得关注的，因为它们的
估值会因其周期性而被恐慌性杀跌，但业绩增长却能因其成长性
而跨越周期。与非周期性成长股（估值不低）和新兴行业成长股
（估值过高）相比，周期性成长股在当前股价下的性价比更高。

　　借由这部分的启发，我们可以这样比喻：我们的人生像是具有
周期性的股票，出色的人生往往会因成长性而不断增值，不断跨越
模式和周期。而你自己和你与人生共处的态度之间的关系，就可以
类比为一位股民和一个交易所的关系。你只有认识自己，认识你与
人生共处的态度，才能知道自己将如何开启人生的成长性，才能做
好准备，迈入属于自己的成长阶段之门。

　　根据对外部环境是否有觉知以及个人能力成长性的高低，我们
观察到四种人生共处状态（见图 3-1）。这里谈到的"外部环境"不
是指家庭、出身，而是强调个体是环境中的个体，要意识到大到世
界局势、小到岗位前景对个人发展的客观影响。个人能力成长性强
调的是在客观不变的环境之下，如何有意识地发挥个人能力，让自
己可以适配更大、更复杂的环境。

　　个人能力成长性低、对外部环境无觉知，意味着难以处理复杂
的事物，面对环境或好或坏的变化只有接受的份儿。这种状态就像
流水中的浮萍，漂向哪里就是哪里，是偏安一隅还是在风雨中飘零
都是随机的。相较而言，个人能力成长性低而对外部环境有觉知，
会有避险意识，能力有限不一定能创造机遇、转为危机，但大体上

能做到不让人生步入显而易见的陷阱。

不管是陷进式还是浮萍式，都谈不上潇洒恣意地活过，这也是现代人看重能力提升的原因。人们觉得个人能力越强，越能拥有人生的主导权。而要成为个人能力成长性高的人，并不是一件容易的事，需要具备超出平均水平的学习能力、面对困难不轻言放弃的韧性、在成就面前保持空杯心态的谦逊品质等。因此，能从图 3-1 左象限跨越到右象限的人是人群中的少数。

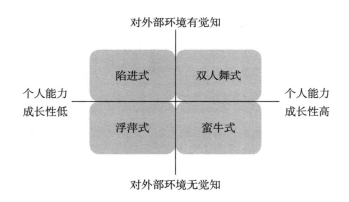

图 3-1　四种人生共处状态

在这些人中，有一部分人会经历一段自恃个人能力强而轻视外部环境的阶段。他们是努力派，或许已经在自己的领域取得了不俗的成绩。这种局面常常出现在外部环境顺遂的时期，但由于缺乏对外部环境的认知，他们或许会认为这是常态，甚至容易自满。而当外部环境不以他们的意志为转移的时候，他们往往很难直面变化，会固执地保持过去的做法，像"蛮牛"一样，试图用蛮力去解决，心理和精力在达到极限的时候容易崩盘。

倘若能由此崩盘开启外部环境觉知，步入个人能力成长性高且又能觉知外部环境的阶段，那么就容易进入与人生共舞的状态。

列举这四种状态不是为了比较高低优劣，而是为了呈现可选择的空间。当你处于浮萍式的状态而感到无可奈何时，可以选择提高外部环境觉知；当你在陷进式的状态感到惴惴不安时，可以努力提升个人能力；当你在蛮牛式的努力中不敢停歇时，也可以选择朝着更轻盈舒展的方向改变……

《孙子·谋攻篇》中说："知彼知己者，百战不殆。"若一个人能做到既发挥个人能力又保持对外部环境的觉知，做到知己知彼，那么在面对人生各种境遇挑战时就能做到不败。我们将前人的真知灼见用现代的语言和场景进行翻译，就形成了个人成长周期模型（见图 3–2 ）。

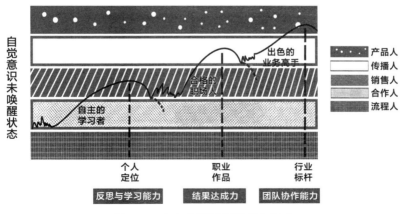

图 3–2　个人成长周期模型示意图

在模型中，像波浪一样的阶段是外部环境的界限，一个人能走到哪个阶段离不开环境的影响；某个阶段的最高点能有多高，则需要考量个人特质、能力水平和心智状态，即个人能力成长性。阶段和特质构成了个人成长周期模型的两大要素，是现代版"知己知彼"的底层逻辑。从本章开始，我们就来依次介绍阶段、特质两大要素在个人成长周期中的应用。

自主的学习者，探寻人生志向的阶段

> 举世无人肯立志，立志修玄玄自明。
>
> ——吴承恩，《西游记》

最苦的不是生活上的贫困，而是精神上的贫瘠

诸葛亮在《诫子书》中说："非学无以广才，非志无以成学。"明代王守仁（王阳明）讲的四大"人生教条"中，排在第一位的就是"立志"，他认为"志不立，天下无可成之事"。

在个人成长周期中，一个隐秘而又基础的阶段叫"自主的学习者"阶段。个人在这个阶段的核心任务是完成自我探索，确立志趣志向。就像孔子能回答出"吾十有五而志于学"一样，你也能回答出你的志向是什么。**这里的"立志"并不是指某种具体的职业，比如医生，而是指价值追求。**是的，这听起来很难，似乎也过于理想化。但对于进入自觉意识唤醒状态的人来说，这是无法回避的问

题。不管是刚毕业的大学生，还是在职场打拼多年的精英人士，都思索过这个命题。

（我希望）不再迷茫彷徨，不再受外界干扰，工作有方向，目标明确，知道自己的优势和长处，越干越有激情……

——Y 先生，36 岁，某国企中层干部

我在这 40 年的人生中一直迷茫，从来都是摸着石头过河，走一步看一步，没有明确的目标，我曾经还安慰自己没有目标也有好处，不受目标的限制。我以为自己就会这么迷茫下去了。可是 2020 年——这极其特别的一年，我突然发现自己 40 岁了。古人说四十不惑，可我依然有很多困惑，而且很多困惑同时出现了。有时候我会歪在沙发上无数次问自己活着是为了什么？有什么意思？我这一辈子是为了什么？

——N 女士，40 岁，某世界 500 强外企高管

离开上一份工作也是因为我想快速找到适合自己的领域专注于成长，而不是像刚毕业时一直换工作，总感觉没地方使劲！经常因不确定自己的人生目标而感到迷茫……工作是一辈子的事情，希望能做喜欢且有意义的工作，能做一些回报社会的事情，让自己活得有意义。

——F 女士，26 岁，自由职业

在我们看来，这些困惑并不可笑，相反还非常可敬。对生活意义的发问是社会经济发展到一定程度才会被关注的命题。随着越来

越多的人追问生活的意义，一片云推动另一片云，一个生命影响另一个生命，整个社会也将被推动着进步。等到我们子孙辈的时候，社会环境和家庭氛围会使他们有条件、有机会在青少年阶段就明确自己的人生志向。

人生一大幸事，莫过于少年立志

在人生早年阶段就清楚人生志向是一种什么感觉呢？孔子惜字如金，他 15 岁时确立志向的心境细节，我们恐难感知。我们在另外一位人物的志向启蒙故事中得到了启发，相信你也会希望你的孩子能拥有这样的体验。

他叫奥利弗·萨克斯，是英国神经病学专家、古根海姆学术奖获得者。1933 年他出生于英国，父母都是医生。童年的奥利弗特别喜欢待在博物馆，也是在科学博物馆遇见了他追求一生的志向。

奥利弗 10 岁时在科学博物馆发现了位于五楼的元素周期表，不是化学课本上的纸质元素周期表，而是足足一面墙的实体柜子。那个柜子里有许多盒子，盒子里装着真正的化学元素，有棕色的溴、黑色的碘晶体、质量很重的铀金属，还有用玻璃管封装的氦、氖、氩、氪等气体。一座实体柜的元素周期表，我们光是想象都觉得震撼无比，更何况是站在它面前亲眼看到呢。

晚年的奥利弗在他生命的尽头回忆起这一刻时写道："当我看到那个元素周期表的时候，对真与美的感受淹没了我，我感到它们不仅仅是某种随意的人造物，还是一种关于永恒宇宙秩序的真实意象……当我作为一个 10 岁小男孩，站在南肯辛顿自然科学博物馆的元素周期表面前时，这种崇高的感觉冲击着我，它让我感到自然规律的永恒不变。而当我们有足够的能力去探索自然规律的时候，它们又是可以理解的。这种感觉从未离开过我，甚至在 50 年后的今天，也毫不褪色。我的信仰和生活在那一刻已被确立。"

对科学的热爱为奥利弗提供了源源不断的力量，帮助他走过了人生一个又一个关卡，最终促使他成为受人敬重的医生、科学家、作家和诗人。2015 年 8 月 30 日，奥利弗在纽约逝世。在他人生出版的最后一本书《最初的爱，最后的故事》(*Everything in Its Place: First Loves and Last Tales*) 里，还能看到科学的志向在他身上发出最后的光亮：只有科学，再加上人类的道义、常识、远见，以及对不幸与贫穷的关怀，才能给予目前正在困境中的世界以希望……面对即将到来的告别时刻，我必须相信人类和我们的星球将存活下去，生活仍将继续，这不会是我们的最后时刻。

这就是人生志向的力量，它浑厚而绵长，能够带你穿越无数个叩问心灵的夜晚，跨越一个个充满挑战的白昼，直到生命的尽头。毋庸置疑，奥利弗是幸运的，不是所有人都能在 10 岁的年纪领略到科学的魅力，从而确立自己的人生志向。

有意义的人生，是有所奉献的人生

人生志向也并不都是宏大崇高的，它也可以很贴近工作与生活。英特尔公司的首席执行官帕特·基尔辛格就用他的方式呈现了另一个版本。

帕特出生在美国宾夕法尼亚州的一个小镇，他的家从祖父辈开始就以在农场务农为生。帕特的父亲没有土地可以留给帕特耕种，于是帕特不得不另谋出路。出于对数学和电子学的兴趣，帕特从高中第二年起就开始利用下午放学后的时间去当地职业技术学校学习电子学。两年后，他通过了林肯技术学院电子技术专业的奖学金考试，由此进入林肯技术学院攻读专科学位。

当时正值英特尔公司来这里招聘技师，在一连串的巧合之下 18 岁的帕特从东海岸去了西海岸，开启了新的人生。帕特是个喜欢不断给自己设定挑战目标的人，进入英特尔工作的十余年，他从普通技师成为工程师，又挑战自己，完成了英特尔 80386 和 80486 两款重要芯片的研发。与此同时，他还在圣塔克拉拉大学和斯坦福大学相继取得了学士学位和硕士学位，和女朋友琳达结婚并养育了四个孩子。在 32 岁的时候，帕特成了英特尔公司有史以来最年轻的副总裁。

帕特过上了当年那个农场小子想都不敢想的生活，也正是在这个时候，帕特觉得自己的人生航船失去了方向。他在实现了自己能想到的所有目标之后，不知道生活还有什么意义。于是他开始大量读书，花很多时间进行深度思考，思考自己是谁，想成为什么样的人。帕特打算写一份人生志向书，经过一年多的反复修改，他最终写出了一个满意的版本：我要做一位信仰基督教的丈夫、父亲和商人，我要运用上帝赐予我的所有资源完成他交给我的工作。

与奥利弗不同，帕特并没有在童年就明确人生志向，而是在为更好的生活奋斗的过程中，经历了深刻的自我探索之后，在而立之年确立了人生志向。这份人生志向书看起来很平常，做一位好丈夫、父亲和商人也是多数人能想到的。这个志向的价值在哪呢？在确立了人生志向之后，帕特对他的工作和家庭生活有了新的理解，他不再单纯地为了有工作而去工作，为了成为丈夫、父亲而去经营家庭，而是开始为他心目中的上帝奉献，他生命中的所有角色都是来践行"上帝美德"的。

每年帕特都会重新阅读和检查自己的人生志向书，确认自己在遵照执行并且取得了进展。外在的名利欲望能够驱使一个人奋斗一段时间，内心的志向原力却能激发一个人奋斗一生。为"上帝美德"献身的志向与科学对于奥利弗的意义一样，也为帕特提供了源源不断的燃料，推动他继续完善自己，成为妻子信赖的丈夫、孩子敬仰的父亲以及同事可靠的伙伴。

确立并遵循人生志向书大约七年后，帕特被任命为英特尔公司历史上第一位首席技术官。2021 年，帕特又被委任为英特尔首席执行官，带领英特尔开启新时代。

我们无意讨论宗教，而是借由帕特的故事进一步阐释人生志向不是具体的某种职业，也不是拥有一种完美的生活。恰恰相反，人生志向是关于付出、关于"你愿为何奉献"这一问题的回答的。奥利弗为科学奉献，帕特为"上帝美德"奉献，那么你愿意为什么奉献你的一生呢？

对这个问题的回答即是自我探索的要义。它伴随着大量阅读、思考和深刻反思，并且是自主自发的，并不是为了外在的考试、评级要求，所以被称作自主的学习者阶段。在个人成长周期模型中，这是基石阶段，但通常不是最早完成的阶段，你可以在生命中的任何时期去完成它。当然，越早越好。

自我探索离不开自我反思和自主学习能力。一边反思一边学习可以让自己拥有冷静客观的观察视角，在几乎是自动自发言行的背后，洞察到自己的深层意图。例如，当某位朋友关心你的近况时，你会下意识地回应说很好，同时伴随着音调升高以及额外补充的细节。如果你的自我反思能力良好的话，这时你会觉察到自己并没有在回应问题本身，而是在回避某种深层的感受。

自我反思能力的价值就在于不断地加快这种觉察过程，最终使你能够在做出下意识行为之前就觉察到，并及时修正，以此来使你越来越亲近自己的内心世界，越来越熟悉自己的真实想法，释放出心中那份最纯粹的力量。

有什么方法能够提升自我反思能力吗？对我们现代人来说，最便利的方法莫过于阅读经典书籍，特别是那些历经岁月洗礼的好书。阅读能让你的心境从浮躁回归安静，像一汪不断被搅动的池塘能够有机会平息半晌。一本本好书如同一面面镜子，能照射出你日常未曾留意的方面。读一段、照一下，再读一段、再照一下，对自我的探索就在这个过程中得以深化，最终结出硕果。

若你已经有了自觉意识，但没能扎实训练自我反思能力，就无法完成自我探索任务。在循环往复中，你时常会感到生活的空虚和没有意义。你活着，却没有生命力；你忙碌，却缺乏创造力；你休息，却感觉不到放松……渐渐地，你也会像本节开篇列举的朋友一样，歪在沙发上，问自己活着的意义是什么。

也恰恰是在这种时刻，自主的学习者阶段之门已为你打开。请带着勇气和信息坚定地走进去，保持阅读，保持反思，你也会遇见生命为你准备好的礼物。

合格的职场人，打磨职业作品的阶段

> 我自己曾是一名患者，是这部作品治愈了我；我也曾身陷囹圄，是这部作品解救了我。①
>
> ——斯蒂芬·茨威格，《人类群星闪耀时》

职业作品意识是第一要紧的事

"合格的职场人"阶段是多数人最熟悉的阶段，也是很多人会产生困惑的阶段。常见的困惑有："我是不是不适合这份工作？""要不要换一份工作？""要不要学个新技能转行？"

每个人的情况不同，具体问题需要具体分析。尽管有些情况会

---

① 这句话是亨德尔在《人类群星闪耀时》中说的话，"这部作品"指《弥赛亚》。

因为换了工作环境、学了新技能而得到一定程度的改善，**但是换工作只是改变了问题的形式，并没有改变问题的本质——你是否有做出职业作品的能力。**在合格的职业人阶段，核心任务就是做出职业成绩，拿出具有代表性的职业作品，练就解决问题的关键能力，这才是解决这个阶段绝大多数问题的关键方法。

遗憾的是，据我们观察，相当一部分职场人是没有职业作品意识的。他们在工作上还停留在浅表的事务执行层面，抓不到工作执行背后的沉淀，梳理不出自己的职业作品逻辑，容易被事务执行的表象牵着鼻子走，甚至会抱怨事情多、工资少、同事傻、老板不懂自己。

那么什么是职业作品呢？第一层含义是指完成的具体工作成果。例如，完成了多少金额的销售业绩，降低了多大比例的成本，研发了多少可投入市场的产品，等等。然而，随着职业分工越来越细，很多工作成果的达成都是多人协作的结果，甚至还有行业、城市和技术红利的影响，很难把工作成果与工作能力直接画等号。

例如，2000 年前后如果你是一线城市的资深房产顾问，很容易做到百万业绩的销售冠军，但是你不一定能在其他房产公司、其他城市或者其他行业复制同样的销售成绩。因此，职业作品还有第二层含义，那就是你从工作过程中思考总结出来的、有极大可能复制成功的做事逻辑。这与你所做工作内容的难度、你的职位高低无关，哪怕是最常见、最简单的工作也可以总结出一套做事逻辑。

米缸里的"职业作品思维"

谈到把简单的工作做出系统逻辑，不得不提台湾地区前首富、台塑集团创始人王永庆的"卖米故事"。王永庆出生在一个不太富裕的茶农家庭，15 岁就结束学业外出打工。在米店打工一年之后，王永庆借来 200 元钱自己创业开了一家米店。

王永庆的米店规模小、积累少，起初生意很差。没有客户上门，他就上街挨家挨户推销。每到一个顾客家里，王永庆都会不厌其烦地先把顾客家米缸里的陈米倒出来，再用干净的白布把米缸里里外外擦干净，然后装进事先已经挑拣过石子、杂物的新米，最后把顾客的陈米铺在最上层。王永庆还细心地记录下顾客家有几口人，每天吃多少米，在顾客家的米快吃完的时候主动上门添置新米。

在王永庆之前，没有人这样卖米，也没有顾客要求这样做。王永庆做了，于是他的米店的生意越来越好，他只用了一年时间就积累了足够的资金和顾客。接着王永庆开办了自己的碾米厂，挣到了他人生的第一桶金，为日后涉足木业、进军塑料化工行业打下了基础。

在那个时代还没有"用户体验"的说法，王永庆凭着自己的做事逻辑把卖米这件简单的事情做得既深入又细致，形成了一套自己的卖米逻辑。这套逻辑可以迁移到其他领域，成为王永庆早年的职业作品。

你并不需要像王永庆一样，自己创业当老板才能琢磨做事逻辑。实际上，不管你现在从事什么职业，只要用心都有机会发现和总结做事逻辑，形成你的职业作品。

吴军在《见识》一书中分享的一个小案例值得我们深思。在一次读者交流会上，有位互联网视频领域的工程师问了吴军一个职业发展的问题。吴军想进一步了解他的情况，反问了几个问题："一段 30 分钟的视频，在你们公司的网站上被观看一次大概能挣多少广告费？"工程师回答说："我是做工程师的，挣多少钱我没有想过，不知道。"吴军接着问："那你们公司视频的广告点击率是多少？"工程师回答说："这个和具体的内容频道有关，也和用户群有关，和插片的制作也有关。"

这位工程师的回答非常具有代表性，就回答本身来看没有错，但同时也反映出很多人在工作中只是简单地完成工作动作，而没有去关心自己的工作在整个公司业务链中处于什么节点，自己是为了达成什么结果而去做的执行。当自己没有建立起整体视角时，自然会觉得自己是螺丝钉，自己的工作是流水线上的一环。

"你是有十年工作经验，还是只是把第一年的经验重复了十次"说的就是这个道理。在职场上，我们看起来是在为升职加薪而奋斗，但实际上真正能带走的、有升值价值的不是当前的职位和薪资，而是工作成果以及由此沉淀出来的做事逻辑，即你的职业作品。

围绕职业作品下功夫，才不会误入歧途

越是高价值的职业作品，越不容易打造。它需要经历很多复杂、痛苦甚至是煎熬的时刻。也往往是在这些时刻，一些人很容易做出看似"追求"的逃避行为。

莉莉（化名）在一家广告公司从事营销方面的工作，快节奏、高压力的工作让她感到身心俱疲。为了排解压力，她报名参加了瑜伽课程。一边是轻柔的音乐、放松的环境，一边是做不完的提案和满足不完的甲方需求，对比之下莉莉产生了辞职的想法。

她花了一笔不菲的学费参加了瑜伽教练培训班，经过一个月的训练后，莉莉通过认证考试拿到了瑜伽教练证书。于是她辞职开了一家瑜伽馆，专注于给儿童和孕妇提供瑜伽课程教学。让莉莉没有想到的是，经营一家瑜伽馆远比她想象的要困难，当原本令她放松的瑜伽变成生意的时候，她发现要承受的压力并不比在广告公司工作的时候小。两年后，受经济形势下滑的影响，莉莉不得不关闭瑜伽馆，重新思考自己的职业生涯。这时莉莉已经快 40 岁了，留给她的选择并不多。

大伟（化名）的故事和莉莉的情况类似。大伟也在广告公司就职，从事广告设计方面的工作。工作几年后，大伟也对公司制式化的管理感到不胜其烦，他希望能有更自由的时间、更多的主导权来进行设计创作。和莉莉选择辞职投身于瑜伽事业不同，大伟选择沉淀职业作品来达到自己的目的。

大伟收集了同行业优秀设计师的履历，发现业内顶尖设计师都有与国际知名大品牌合作的经验。于是大伟开始朝着为国际知名大品牌设计作品的目标努力，他把自己的设计领域聚焦到商标和包装设计，不断积累客户案例。

学绘画出身的大伟说："比起设计商标，我当然更喜欢纯粹地画画，但是光画画我养不了家，我只能先做不得不做的事情。"谈到深夜改稿满足甲方需求的行业常态，大伟也经历了一段挣扎期并有深刻的感悟。

很长一段时间我也非常讨厌改稿，直到后来我意识到那是我自己不愿意深入工作而产生的抗拒。在设计语言上，甲方的确不是专业的，但在产品和客户的理解上，他们比我更专业。如果我只是把自己定位成画图师，那么我就只能改了画，画了改。但是如果我把自己看作"用设计语言进行商业表达的设计师"，那么我就需要有甲方的立场和思维。

所以，我开始不排斥跟甲方沟通，而是跟他们一样直接跟产品接触，有时间就去参加甲方的内部会议，直到我也能用业务人员的语言跟甲方沟通的时候，我发现他们也愿意听取我的意见。这样的稿件虽然更花时间，但也更有价值。我也意外收获了很多商业经验。后来我读到王尔德的一句话时一下子就更明白了："当银行家们坐在一起吃饭的时候，他们会讨论艺术；当艺术家们坐在一起吃饭的时候，他们会讨论金钱。"

说来挺有意思的，曾经背地吐槽甲方不懂设计的大伟，在转变了思维之后深入甲方业务了解产品，反而跟甲方成了朋友，此后业务订单不断。40 岁左右的时候，大伟创办了自己的设计工作室，他的客户名单上也开始有了索尼、可口可乐等知名国际品牌。

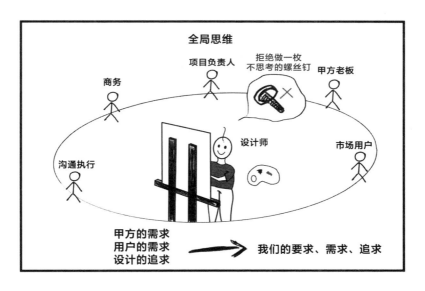

同样是广告行业，同样厌烦公司的管理方式，莉莉和大伟却选择了不同的方式来应对。当然，简单地对比莉莉和大伟的情况并不客观。大伟是绘画专业出身，对设计的热忱比莉莉要强烈。同样地，莉莉也的确很热爱瑜伽。二人的选择之所以会有截然不同的结果，很重要的一点就是大伟始终围绕自己的职业作品下功夫，从为知名品牌做设计，到积累朋友般信任的客户关系，再到从甲方身上学习如何经营公司，这些都是不断加码的职业作品；相反，莉莉在广告公司沉淀的职业作品并不突出，转做瑜伽行业也只接受了一个月的基础培训，在瑜伽从业者中只能算入门级别。当职业作品价值有限的时候，所能换取的收入回报、自主性回报也是相当有限的。

这也是为什么在咨询案例中，每每遇到对工作感到厌烦想辞职的来访者时，我们都会请对方认真思考下面几个问题：

- 跟你开始做这份工作时相比，现在的你有哪些成长？
- 这些成长是否凝结成了职业作品？包括有形的职业成果和无形的做事逻辑。
- 当前的公司或平台是否还能让你挖掘出更高价值的职业作品，为此你需要主动做出哪些改变？可能面临什么挑战？
- 假如你辞职后，在下一份工作中依然需要做出同样的改变、面临同样的挑战，你还会辞职吗？

通过对这四个问题的回答，我们在一定程度上可以辨识出所谓的重新选择是在真的追求还是在逃避困难。下一次当你也怀疑一份工作是不是真的适合你的时候，不妨先问问自己这四个问题。

说来让人唏嘘，尽管大家自大学毕业进入职场后都自认为是职场人了，但是真正拥有职业作品意识、能够走出自己的舒适区、拿得出职业作品的合格职场人并不多。这大概也是职场人抱怨找不到好工作、雇主苦恼招不到优秀人才的原因之一。

在这个阶段，倘若迟迟没能做出职业作品，或者是职业作品的稀缺性有限，那么能交换的职场资本也就有限。在职场中，这一方面体现在薪资收入涨幅有限，年薪在 8 万 ~ 18 万人民币之间浮动，难以突破 20 万元的大关；另一方面体现在晋升机会有限，较难晋升到管理岗位。即便你因一时机缘走上管理岗位，也会因为能力跟不上而感到压力陡增。可供你选择的高质量外部机会也不多，个人发展容易进入狭小、迟缓甚至停滞的局面。

那么如何打造职业作品、拓宽职业发展道路呢？这就需要回到职业作品背后的支撑能力——结果达成力。我们常说做事要有结果，却很少思考做事有结果的背后是什么。我们在大量案例分析和经验总结的基础上，提炼出了结果达成力模型，为"做事有结果"解构出了九大提升方向，相关内容在前文已有论述。

出色的业务高手，聚人成事的阶段

> 不可否认，社会中确实有一些人天生就比别人更具合作精神。即使这一类型的人比例很小，也可以促进整个社会的合作精神。
>
> ——张维迎，《博弈与社会》

一个人在合格的职场人阶段经过千锤百炼，有了过硬的业务能力或者掌握了一定的专业技术，做出了不错的职业作品，就算在职场站稳了脚跟。即便一朝企业难以为继，也能凭借过往的职业作品找到新工作。

不过，随着年龄的增长，个人精力难以继续支撑高强度的工作，成家立业后也需要分配一些精力给家庭。这个时候你会发现靠出卖时间增加业务产出的效益在走低，入不敷出的压力越来越大，需要通过其他方式来增加单位时间的产出效益。阿里巴巴之前流传出来的三板斧的能力发展设计，讲的就是"腿部""腰部""头部"各个职能的主要工作能力重点，核心就是腿部做事情，腰部要培养人，头部要做的是打通人和事之间的"任督二脉"。

在聚人成事这个阶段，有的人会选择从业务一线转到业务管理岗；有的人会选择接私活或者学习第二技能增加收入渠道；有的人会选择通过写书、讲课、投资理财等方式创造"睡后收入"；还有的人会选择自主创业或者加入创业公司，通过高增长的股份增值来实现财富倍增。

从表面上看，上面几种方式延伸出不同的职业角色——高管、副业、创作IP、创业者，尽管各不相同，但本质上都是一次职场跃迁，代表着你从**独立完成职业作品的合格的职场人**，进阶到了与他**人协作共同完成更高价值的职业作品的业务高手**。

在合格的职场人阶段，你有公司平台的依托，工作内容比较单一，只要把自己的事情做好就算达标。而在出色的业务高手阶段，你不仅需要继续把自己的事情做好，还需要跟他人配合协作，完成团队目标。这些从高管和创业者角度很好理解，这两种角色都是通过团队协作达成"1+1>2"的典型职业角色。

副业看起来是在做自己的事情，但是蕴含了大量的对外协作。在我们接触的案例中，经常看到公司职员利用业余时间做副业。原本自己在公司做的是单线程的文员工作，突然需要对接顾客、物流等，很多人适应不了还耽误了本职工作，最终不了了之。

创作 IP 也是同理，一旦你开始自己做事，就会发现到处都需要协作。原因很简单，因为你无法一个人完成研发、文案、宣传、运营、销售、客服、商务谈判等所有事情。为公司打工时，很多人不甘心做一枚螺丝钉。为自己打工的时候，又会怀念做一枚省心的螺丝钉。

因此，不管你采用哪种方式跃迁，实质上都是为了从合格的职场人进阶到出色的业务高手阶段，这个阶段的核心任务是聚人成事。聚集一帮人干成一些事听起来很简单，放眼望去哪家公司、哪栋写字楼里没有一群人在做一些事？哪个人心里没有过自己找人做些事的想法？然而，真正能够聚到人、把人聚长久，一起把事做成的队长实在不多。

据我们观察，一个很重要的原因是"路径依赖"。新人在担任队长时并不知道"队长"意味着什么，核心任务是什么，关键指标有哪些，需要调用哪些能力。如果只是一味延续过去做业务的习惯和方法，工作量多了很多，最终却收效甚微，那就难免心存抱怨，甚至产生对带团队的抵触和恐惧，给自己贴上不适合做管理者的标签。

其实，只要理解了聚人成事的内涵，用对方法，多数人都能经由实践练习成为优秀的队长，创造出"1+1 ＞ 2"的团队效益。

业务高手是如何练成的

对很多女性来说，销售是非常具有挑战性的工作，酒类销售更是难上加难。从小在酒都泸州长大的小鱼儿（化名），对酒有天然的熟悉感。临近大学毕业的时候，小鱼儿就在某大型白酒上市企业实习，从最基层、最锻炼人的一线业务员做起。

"泸州的夏天非常闷热，一家家走访终端客户走坏过好几双鞋。"功夫不负有心人，吃苦肯干又善于学习总结的小鱼儿很快就崭露头角，销售业绩连年增长。在第一份工作上，小鱼儿苦练销售技能，用销售数据做出职业作品，为日后的职业进阶打下了坚实的基础。

机会总是留给有准备的人，有准备的人往往是那些愿意多尝试的人。尽管销售工作的收入很高，小鱼儿在公司需要调配人手培养部门行政财务人才的时候，依然干脆利落地顶了上去。"做业务的时候主要是跟渠道商打交道，熟练之后基本上大同小异。后来做行政、人事，接触的是完全不一样的群体，沟通内容和谈话方式都有很大的区别，给我的锻炼也很不一样，"在回忆起那段多岗位锻炼期的时候，小鱼儿拥有比同龄人更长远的眼光，"销售是很重要的岗位，但是销售也只是业务链条中的一环，能多了解其他环节是怎么运转的没有坏处"。

白酒新秀品牌江小白大举拓展市场的时候，有过硬业务能力又有多岗位锻炼经验的小鱼儿自然成了重金招募的稀缺人才。离开传统大厂，小鱼儿加入了江小白，开始了她全新的职业生涯。

带领新组建的团队将一个新品牌成功打入市场是很多职场人都想拥有的"职场勋章"，当然也是很难做到的事情。在从有职业作品的合格的职场人升级为能聚人成事的业务高手的过程中，小鱼儿取得了亮眼的成绩——使不到 20 人的团队的年销售额过亿，长期位居全国第一。

这些成绩的得来并不是一帆风顺的，小鱼儿也曾走过不少弯路。其中令她感触最深的是带团队不是复制自己，不要想着把所有人都变成跟自己一样。我们结合相关研究和小鱼儿的实践，总结了成为出色业务高手的四种方法，用一个词来总结就是：聚人成事。

人——观察人、关心人、引领人

新手队长多数是从业务一线成长起来的，在业务上他们足够优秀，也有丰富的经验。到了队长角色，最容易想到的方式就是把自己的成功经验复制给团队。常见的做法是"掏心掏肺"式地培训，甚至是手把手进行保姆式辅导，时间和精力都付出了不少，效果却不佳。

小鱼儿也经历过这个阶段，试图把团队成员打造成自己的复制版，却屡屡受挫。不仅团队业绩表现不佳，团队氛围也变得紧张压抑。善于反思和学习的小鱼儿开始寻找原因，向经验丰富的前辈请教，同时补充管理学方面的知识和技巧。慢慢地，她开始从自己的言行改变，把重心从"指导人做事"转移到"关心人本身"。

我开始增进跟大家的沟通，有事没事跟大家聊天。相亲、电影、养猫、遛狗……什么话题都聊，出差、打车、吃饭、排队等咖啡……一有机会就聊。起初聊的都是细碎事，多数也是我主动找话题聊。

渐渐地，大家开始主动来找我聊，而且会聊很深入的工作话题，比如他们的顾虑、思考和解决办法。这种多触点的沟通让信息更容易对齐。我成了补充信息的提供者，给团队成员提供了多角度的信息线索，他们拿着这些信息用自己的方式灵活行动，做90分的自己，而不是照搬我的方法做60分的复制品。反过来，这也倒逼我要站在更高的维度去收集、分辨、掌握更全面和有价值的信息，才能持续指引大家的工作。

事——以身作则，啃难啃的骨头

通常情况下，管理意味着通过他人实现工作目标，但是管理并不是把手插在兜里、用嘴指挥别人干活儿。对于20人以下的团队管理者而言，更是不能只动嘴、不动手，反而要继续在业务上做出表率。

关于这一点，带领团队做出过亿业绩的小鱼儿也深有体会。她觉得某种程度上，队长的业务能力上限是整个团队的业务能力上限，要想团队业务能力再上一个台阶，不是要求其他人去冲，而是要自己先冲上去。如果团队平时最多能做到300万，那么队长就要先去挑战800万，这样伙伴们才会有动力挑战500万。

不过，队长也不能只顾自己不断做业绩，忽视了团队指引。难啃的骨头她会偶尔啃啃，一啃就是一个台阶，啃下来是为了激励团队拉高上限，其他时候她还是要回过头来去做团队成员的辅助。

成——直面不足，真实反馈

"在业务上做出表率，在人身上关心指引，只有这些还不够，"经过充分实践磨炼的小鱼儿继续补充说，"前有目标，后有帮助是外因，个人能力的进步是关键。工作成果上不去，多数时候还是因为个人能力不足，认知上有盲点，需要改进。"

小鱼儿说在团队里定期组织"批评和自我批评"的讨论是非常有帮助的，这个方法听上去很土但是很有用。单独面对的时候你很难直接指出别人的缺点，大家一起讨论时心理压力就没那么大。同样地，一个人说你哪里该改进，你可能不重视也不接受，但是大家一致都说你哪里该改进了，你可能就会愿意思考一下了。

小鱼儿在团队里坚持开展"批评和自我批评"并不是故意给团队施加压力，反而是为了培养团队信任。曾为西点军校、甲骨文等知名组织做过咨询的圆桌咨询公司创始人帕特里克·兰西奥尼（Patrick Lencioni），在他的全球畅销书《团队协作的五大障碍》（*The Five Dysfunction of A Team*）中，用了整整两章的内容阐述建设性冲突的重要性。

下面节选的内容，希望能让新手队长更直接地理解建设性冲突对于团队进步的巨大价值。

积极的争论仅限于观点不同，不针对个人，也不存在人身攻击。但这在表面上具有和消极争吵或矛盾类似的迹象，如非常激烈、情绪化，有人可能一时很气恼等，所以不了解情况的人会误认为这是不和谐的争吵。但进行积极争论的团队却清楚，他们这样做的唯一目的就是在最短的时间内找到最佳的解决方案，这样做更能够彻底、快速地讨论并解决问题。争论结束后，他们不会抱有残留的不满或者怨恨，而是马上进入下一个议题。

与此相反，有意避免思想交锋的团队成员经常互相怨恨。为了避免伤害感情，他们不敢提倡辩论。当团队成员不当面表达出不同意见时，他们就会在背后进行人身攻击，这对团队的伤害比任何争吵都要严重。

聚——有进有出，推功揽过

要想打造有士气的团队，那对破坏团队士气的做法就需要及时明确回应，比如让不愿意做出改变的成员离开，敢于吸引比自己更优秀的人才进入团队。相信除了薪酬福利，能使成员成长的氛围更具有长期凝聚力。与此同时，队长还要能吃亏，多把功劳推给团队、自己承担过错。用小鱼儿的话说就是"你要做那个大家最放心的后背"。

是的，要想成为业务高手，做一个能聚人成事的队长并不容易。队长不再是做好自己就可以了，而是要能成就大家。也只有成就大家，练就组织竞争力，队长才能获得组织的规模效应，打破单兵作战的天花板和事业发展的瓶颈期。

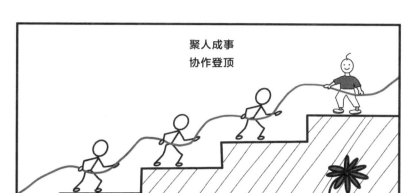

进阶业务高手过程中常见的三种误区

在职场中，能像小鱼儿这样由合格的职场人顺利成长为业务高手的精英不在少数。不过，也有很多人在这个进阶过程中迷失在误区里。比较典型的误区有以下三种。

将团队管理工作简单地理解为"任务分解"

能出色完成个人任务的队长刚开始带团队的时候多数采用任务分解法，也就是把团队业务分解成几个部分，让每个成员认领一份。有时候为了做出表率，自己会认领最重的一份任务。

例如，假设你是一名汽车销售人员，独立工作时每月都能卖出

10 辆汽车。由于业绩优异，公司提拔你为主管，带领由 5 个人组成的销售队伍。现在公司给你的销售团队制定了"每月卖 50 辆车"的业绩目标。你会怎么办？

你可能会想，作为队长自己应该起带头作用。于是你自己认领 15 辆，然后让团队成员每人负责卖 7 辆。你可能是这样想的：虽然自己承担的个人业绩重，咬咬牙应该能完成，自己多完成一点，团队成员的压力就会小一点，整体目标完成起来问题应该不大。

设想的情况很理想，然而实际情况更可能事与愿违。你把自己逼到临界点去完成过去 150% 的目标，整个人早已经不堪重负了，根本不会有心力保持与团队的沟通和交流。再看到大家连你一半的目标都无法完成时，要么继续把任务往自己身上揽，搞得团队成员内疚惭愧；要么暴跳如雷，责怪大家不努力，搞得团队气氛无比紧张。无论是哪种情况，最终都不利于团队目标的完成，严重时还会导致团队人心涣散，部门分崩离析。

用擅长的努力回避真正的"挑战"

新手队长在团队目标上喜欢用任务分解的方法，这是因为做业绩是队长擅长的事情。之所以能升任队长，也是因为过去自己的个人业绩做得好。于是在带团队的时候继续照用，以为大家都跟自己一样，复制经验就能实现"1+1=2"的业绩总和。

在业务高手阶段，要同他人协作共同完成更高价值的职业作品。因而，队长真正的"挑战"在于如何把合理的目标用恰当的方式分配给合适的人，也就是掌握识人、用人的技巧。换句话说，在你成为队长的那一刻，你就已经进入了不一样的领域，要用跟过去完全不一样的方式来工作。一开始这会很痛苦，因为你在做不熟悉的事情，短期内既看不到成效，又没有做业务时的高收入回报。不少人就是在这个时期质疑自己不会做管理、不适合带团队，然后选择重新回到业务岗，留下的心理阴影可能让自己再也不想涉足管理，职业发展大概率也止步于合格的职场人阶段。

反之，你要意识到队长的核心工作不再是做业绩，而是带人。把自己归零，放下过去的业绩光环，在更广阔的管理领域里从零开始：学习观察不同成员的优势，锻炼收放自如的沟通技巧，培养从全局入手的宏观思维，提升跨平台整合资源的能力……假以时日，你会发现自己脱胎换骨了，眼前的世界更广阔了，未来的可能性也更大了。

具体的学习提升方式可参考市场上很多中层干部接受的管理培训，它们可以帮助更多的人增进团队内部理解。需要注意的是，到了业务高手阶段，技巧方法不是最重要的，重要的是队长自己要改变心态、转变思维，把自己调整到能接收新知识系统的状态。

舍不得在沟通上花时间

留心观察合格的职场人，他们往往具有较强的自我驱动能力，目标感强、重视数据、追求确定性和实用性。这些业务工作上的优点，在进行业务团队管理工作的时候反而成了局限。

管理是为了实现团队的共同目标，在特定时空中对团队成员的行为进行协调的过程。本质是协调，意味着协调不同的人、不同的事、不同的进度和不同的情况变化，也意味着不确定性在增加，实用性也变得模糊。

对于队长来说，工作中的很多时间需要花在协调上，具体说就是沟通上。队长是团队中信息的分发点、交会点和整合点，通过高频的沟通，才有可能让信息在团队中得到相对一致的理解，消除执行中的阻碍，推动团队朝着共同的目标前行。

上文中小鱼儿的例子便是如此，她抑制住了短期自己下场做业绩拉节奏的惯性，选择耐着性子把时间花在与团队成员沟通情况、澄清目标和消除障碍上。让团队成员做出业绩，营造达成结果的积极工作环境，才是队长的重要工作。

审时度势，做自己的职场军师

> 黑石的非凡成就归功于我们的文化。我们笃信精英管理、追求卓越、保持开放和坚守诚信，并竭力聘用拥有同样信念的人。我们极为注重风险管理，追求永不亏损。我们坚信创新和成长——不断提出问题，预测事件，审时度势，主动进步和进行变革。
>
> ——《苏世民：我的经验与教训》

至此，我们已经了解了个人成长周期模型中的三个阶段：自主的学习者阶段、合格的职场人阶段和出色的业务高手阶段。理论上，还有站在产业引领层面的杰出管理者阶段，那属于企业管理的内容，并不是本书讨论的重点，暂且不予讨论。知道个人成长周期模型，对职场人有什么用呢？我们可以来看一看下面的这个案例。

真正了解自己的工作

李易（化名）从小在北方长大，骨子里天生有股爱闯荡的劲儿。大学毕业后，他只身一人去深圳打拼。李易大学学的是工科，借着专业背景和勤奋备考，顺利考上了事业编制，从事城市规划方面的工作。

随着时间的推移，李易逐渐熟悉了工作内容。他对工作认真负责，领悟能力强，年年绩效评优，不到三年就从普通办事员晋升到了业务科室负责人的职位。他所在单位提供人才宿舍，不需要员工自己租房，薪酬也足以使他过上不错的生活，业余时间他还能借助深圳窗口城市的优势增长见识。

一切看起来都令人满意，直到李易开始考虑和女友结婚组建家庭。要想在深圳供一套房不是一件容易的事情，再想到孩子以后的教育，李易有了增加收入的压力。恰巧身边有前辈邀请李易加入创业公司，创业的新鲜刺激感和可能的高回报让李易有点动心。

当问到如何看待创业的高风险时，李易显然思考过了，他说："体制内的成长速度慢，再过几年没有了年龄优势，到时候连尝试的机会都没有了。"这些话听起来很有道理，不过李易并没有按照自己的思考去做，而是来做了职业咨询，一定是因为他还没有完全说服自己。

果然，在进一步交流中李易说出了自己的隐忧。他觉得自己的工作主要是做部门上下对接、办文办会等一些服务性工作，技术含金量不高，很容易被人替代。不像在企业里，他能有具体的业务和产品做抓手，做起来更有底气。李易的这种想法很有代表性，表面上是担心自己没有成长，实际上他是不清楚如何定位职业阶段的核心任务和关键能力。

我们向李易介绍了个人成长周期模型，他很快理解了过去三年实现的小升职是对自己合格职场人的认可。现在他处于科室负责人的位置上，脱离了过去具体的事务型工作，做得更多的是协调沟通工作，一时间难以感知到自己的成长，对未来也就有了很多不确定性。这时候，再掺杂一些外部因素，他就很容易迷失方向。

根据咨询建议，李易与主管领导、部门领导分别进行了深度沟通，请领导对自己升职以来的工作表现和未来发展给出一些建议。不出所料，在跟领导沟通之后李易的看法有了180°的大转变。他说以前羡慕别人有具体的技能做抓手，而他在体制内的工作比较务虚，收入也只是中等水平。跟领导聊完之后，他的视野开阔了许多，发现自己在科室里还没有做到完全把大家带领起来，到创业公司恐怕也很难在短时间内实现向业务高手的跨越。接下来，他所在区里有几个规划项目要落地，他的领导鼓励他多参与学习，还给了他很多提升建议。

后来，李易婉拒了前辈的创业邀请，和女友一起制订了五年买房计划，并得到双方父母的支持。两个年轻人有了奔头后，努力起来动力满满。三个月后，李易告诉我们，他被推荐到单位和某重点大学联合组织的管理人才培养计划班，每两个月会到北京参加一次集训。当被问到还会不会觉得自己的工作没有技术含量时，李易爽朗地笑道："哈哈，不会了，深入了解才能发现管理是一门学问，结合自己的工作能发挥很大的价值，以前我的看法太片面了。"

降低犯错成本 = 提升成功概率

查理·芒格有一句流传甚广的名言："如果我知道我将死在哪里，那么我永远不会去那里。"这句话乍一听很奇怪，人怎么可能知道自己在哪里死去。实际上，这句话是用夸张的说法挑战了多数人的思维定式。

生活中，人们总是热衷于找到成功的"正确做法"，好像只要知道有一个地方能让自己成功，那么径直到那里去就行了。查理·芒格不这样看，他对什么地方能让自己成功不关心，而是关心自己可能会在哪里"死去"，然后想尽办法不去那里，用逆向思维帮助自己规避掉可能"致命"的错误。

在做咨询观察的这些年，我们切身地感受到人生是一个复杂的混沌系统。尽管从严肃的学术研究到街边小道消息都试图解密让人生成功的算法，但是对个人而言正确的、确定的选择或决策并没有那么多。多数情况下，人生是一件事推着一件事、一年一年累积演化出来的。可以说，在个体层面几乎没有一套固定的成功方程式。因此，人们才说别人的成功无法复制。

但是，在群体层面，的的确确有大量多数人常犯的错误可以规避，这本身就是在提升成功的概率。我们对成功的理解不是指具体的成就或者财富数字，而是指有更长的"存活周期"。在商业上，如果你的企业是那家活得最久的公司；在职场上，如果你是那个有砝码支撑到最晚下牌桌的人；在健康上，如果你的身体是最晚衰老的那一个，这难道不是成功吗？

因此，把注意力从"知道什么能让我成功"，转变到"知道什么会让我失败"，从追求更多的正确性到追求更低的错误成本，以换取更长的"在场时间"，就是个人成长周期模型想带给大家的思维破局价值。

三大思维破局价值，掌握职场发展主动权

人们常说比"做什么"更重要的是知道"为什么这样做"，意味着你掌握了做事背后的逻辑，站在更高的维度看待自己做的事情。当你具备更高的站位视野，就能规避掉不必要的失误，预判接下来可能进入的阶段，进而提前做准备。如此一来，你就能掌握职场发展的主动权，有策略、有方法地持续成为高手。

思维破局价值一：清晰重点，治着急

在职场发展或者创业过程中，着急扩张是常见的错误之一。有

时候试错成本高到一个人要花好几年时间去弥补。了解个人成长周期模型的一大价值就在于帮助自己理解当前所处阶段，在阶段核心任务未达成之前，避免轻举妄动。

我们遇到过这样一个案例，甘娜（化名）33 岁，是一个 4 岁孩子的妈妈，在东北某县市农业局工作了近 10 年。她一直希望摆脱停滞不前的狭小工作环境，也做了一些尝试和探索，利用业余时间自学考取了心理咨询师证。她在 2021 年初下定决心离职，打算开始新的人生。

虽然甘娜在过去 10 年做了一些尝试，比如自学心理学、开童装店，但是她并没有完成对自我的探索，对于自己想要成为什么样的人，以及自己对什么事情有持续投入的热忱并不清楚，10 年的工作生涯中也没有什么出彩的职业作品。一方面，用个人成长周期模型来看，甘娜还处于自主的学习者阶段，很多条件还不成熟；另一方面，等待了 10 年的甘娜迫不及待地想投入热烈的生活中。

于是，她去了千里之外的南方，和朋友开办了少儿艺术培训工作室，一下子就进入了自主创业领域，跨到了个人成长周期模型的第三阶段。可以想象，这样做成功的难度非常大。在经历半年的艰难期之后，面对现实甘娜不得不放弃，停下来重新思考接下来的路该怎么走。

对甘娜个人而言，这样的选择既是勇敢的，也是盲目的。在理解了个人成长周期模型之后，她说虽然很难受，但是不得不承认，过去 10 年她都把精力浪费在了挣扎和犹豫中，没有利用好时间探索自己，更没有打磨出自己的职业作品……甘娜心中很是懊悔："真的很希望人生可以重来，我一定不会再着急，先走好每一个阶段。"

梦想是可贵的，但是没有扎实基础的梦想往往是有害的。这个世界最不缺的是着急和浮躁，这两年很多行业增速放缓，更加需要看清阶段，做好每个阶段该做的事情。

思维破局价值二：对症学习，花对钱

我们特别认同这句话："人生下半场，人与人的差距取决于年轻时对自己的投资。"富兰克林曾说过："倾囊求知，无人能夺。投资知识，得益最多。"巴菲特曾在演讲中说："最好的投资，就是投资你自己。因为没有人能够夺走你自己内在的东西，每个人都有自己尚未使用的潜力。"

除了帮助自己看清阶段外，个人成长周期模型还总结了不同阶段的核心任务以及关键能力，对于个人成长学习来说有很好的指引作用。自主的学习者阶段的核心任务是认识自我、明确志向，关键能力是培养自主学习能力；合格的职场人阶段的核心任务是打造职业作品，在工作领域形成一套自己的做事逻辑，关键能力是结果达成力；出色的业务高手阶段的核心任务是聚人成事，能从一个人出色地完成工作到带领一帮人出色地完成工作，关键能力是团队协作能力。

在不同阶段围绕核心任务、关键能力通过做事、听课、看书不

断提升自我，才能达到四两拨千斤的效果。没有这种自我洞察，只是跟风地囤课、买课，除了自我安慰之外并没有太多实际效果。

事实上，那些在学习上真正赚回学费的人正是知道自己在当下阶段需要什么的人。S 姐是某知识付费平台的头部讲师，在自己全职做讲师的第一年就实现了年收入过百万。在一次经验交流会上，S 姐坦言在她离职创业前只上过一堂 5000 元左右的课程。当时她在亲子教育、职场发展、媒体广告三个方向上迟疑不决，不确定哪条路适合自己，于是去上了一堂与自我探索相关的课程，在进一步了解自己之后，选择了现在的方向。

对 S 姐而言，她很清楚自己学习课程的目的是帮助自己更好地做选择和提高做事水准，所以在课程学习之后会非常重视运用。如今她已经给上万人做过培训，所赚的钱早已是当初自我投资学费的数百倍。

思维破局价值三：提前准备，占先机

理解个人成长周期还有第三个价值，那就是提前为下一个阶段做准备。如此，你不仅可以在机会来临时稳稳地抓住它，还能在进阶新阶段的时候减少动荡，快速进入状态。

夏姗（化名）在杭州一家制药公司担任人力资源总监，从职场小白一路过关斩将做到人力资源总监，夏姗实现了自己初入职场时的职业目标。在临近 40 岁的时候，她意识到需要重新做规划。起初，夏姗的想法是投资朋友的生意。在深入交流之后我们发现，夏姗的困惑其实是感到公司不重视她了。

她回顾道："过去两年我工作特别累，但是也特别充实。公司是做化学合成药物的民营企业，销售额一直在 0.5 亿~1.0 亿元人民币。为了突破收益，过去两年公司竭尽全力解决生产效率问题。公司也给了我很大的空间，最终我和总经理一起把生产效率的问题解决了。没想到刚突破了生产瓶颈，就赶上疫情。订单量暴增，公司营收突破了 3 个亿，公司发展也顺畅了很多。"

在利好局面的背后，公司也有了新的变化。夏姗感慨道："生产瓶颈问题解决后，公司的重心就变了。我的重要性也不如以前了，虽然升职到了人力资源总监，但感觉好像上升空间也到头了。"民营企业的规模不如大型企业，组织结构也不尽完善，通常是解决完眼前卡脖子的事情后会歇口气，直到下一个卡脖子的情况出现。我们跟夏姗一起梳理了她的个人成长周期模型，意识到目前的公司规模限制了她无缝进入下一个阶段。

其实，不利局面的背后也有机会。在与夏姗的交流中我们了解到，她还是很认可公司的企业文化和管理团队的。于是，我们继续向她介绍了个人成长周期模型中的"杰出管理者"阶段。夏姗觉得很新鲜，以前一直在人力资源的领域里，从来没有想过可以涉足企业的战略管理。听了我们的咨询建议后，她跟董事长和总经理进行了几次沟通，了解到公司接下来的重点是把疫情机遇下的营收稳住，同时计划向利润更高的上游业务做一些拓展。

　　听完公司的规划后，夏姗又充满了动力，而且她很明确自己不想做一个部门旁观者，她想继续参与公司的下一步发展。于是，我们向她推荐了一些产业引领、企业战略管理方面的案例，找到了人力资源在公司下一个阶段的战略意义。对公司而言，下一个阶段是无人领航区，公司高层都不清楚重点在哪里，也就无法再像过去一样给夏姗权限去攻坚。反过来，夏姗也需要从任务攻坚的阶段主动跟上公司的发展，从而进入自己的无人领航区，从公司牵引自己的职业发展到自己能牵引公司的发展。

　　预判到接下来的发展之后，夏姗趁公司稳定发展给自己安排了充电学习期，通过考试进入某商学院学习企业管理，把自己的能力提升至公司发展之前。在写这本书的时候，我们回访了夏姗的近况，她说近一年的商学院学习完全打开了她的知识面，现在她也经常跟总经理交流公司管理方面的问题。当初攻坚之后那种被闲置的感觉已经完全消失了，她相信自己还能为公司接下来的发展创造更大的价值。

　　在人类社会生活中处处可见阶段。企业有萌芽期、发展期、成熟期、衰退期，人也有童年期、青年期、成年期和老年期，职业发展相应地也有不同的阶段。希望本章对个人成长周期模型不同阶段的讲解，能够帮助读者建立起全周期视角，明确当下阶段的核心任务，不骄不躁地完成关键能力的打磨，在点滴积累中实现进阶升级。

第 4 章

个人职业发展特质

职场中的五种个人特质

> 每个人都有专属的特质。成功的人往往是了解自己的特质并加以利用，然而另一部分人却从未知晓自己的优势所在。
>
> ——尼采，《人性的，太人性的》

在第 3 章中，我们介绍了个人成长周期模型中的阶段要素。本章，我们要了解另一个要素——个人特质。人们会用"萝卜青菜，各有所爱""汝之砒霜，彼之蜜糖""不是一家人，不进一家门"等来形容人和人之间的个性差异。

在学术领域，对个体差异的研究自公元前就开始了。被西方誉为"医学之父"、西方医学奠基人的古希腊医师希波克拉底（约公元前 460 年—公元前 377 年）提出过著名的"体液学说"。根据人体中血液、黏液、黄胆汁、黑胆汁四种体液比例的不同，可以将人分为多血质、黏液质、抑郁质、胆汁质四种类型，这是最早的气质与体质理论（见表 4–1）。

表 4–1　　　　　　　　　　体液学说的四种类型

气质类型	气质特点
多血质	性情活跃，动作灵敏，容易冲动，富有吸引力
黏液质	性情沉静，动作迟缓，个性冷静，富有感染力
抑郁质	性情脆弱，动作迟钝，个性内敛而富有创造力
胆汁质	性情急躁，动作迅猛，富有抱负心和进取心

此外，英国心理学家汉斯·艾森克（Hans Eysenck，1916—

1997）提出了外倾性和神经质两种人格特质；美国心理学家雷蒙德·卡特尔（Raymond Cattell，1905—1998）提出了 16 种人格特质，至今仍被广泛应用；被大众广泛接受的九型人格、十二星座，几乎成了社交场合的必选破冰话题。

尽管不同的理论流派有不同的分类标准，但人们几乎有一个共识：**人是有不同特质的。**这些不同特质影响着人的行为态度、做事方式和社交偏好，也影响着人在职场中的不同选择和发展。我们从人格心理学的共识出发，在职业活动的场景下通过大量个案观察，总结出一套应用于职场的个人特质类型方法。

不论是什么行业、什么岗位，职业的存在都依赖于"交易"。只要有交易活动，就需要承载交易活动的人，因此就有了相应的交易活动岗位。几乎所有的交易都可以用"人－货－场"模型来理解（见图 4–1）。有形或者无形的"货"需要提供给需求相匹配的"人"，而联系"人"和"货"的地方是"场"。

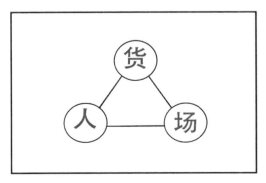

图 4–1　人－货－场模型

这里面就会出现承载"人""货""场"和"人－货""人－场""场－货"等不同交易活动的岗位，这些交易活动又具备不同的属性。理论上讲，个人特质与交易活动属性越是相匹配的人，越能更好地完成交易活动，创造岗位价值，享受职场发展红利。

根据不同的交易活动环节，我们总结了五种个人特质类型，分别是：产品特质型的人、传播特质型的人、销售特质型的人、合作特质型的人和流程特质型的人（见图4–2）。所谓产品特质型的人，并不单指任职产品经理、产品开发这类具体岗位的人，而是指善于总结规律、提供解决方案、把执行工作任务本身看作产品一样去琢磨的人。当他们带着这种特质去做销售员的时候，会呈现出产品特质型的销售员风格；带着这种特质去做导游的时候，会呈现出产品特质型的导游风格；带着这种特质去做会计的时候，会呈现出产品

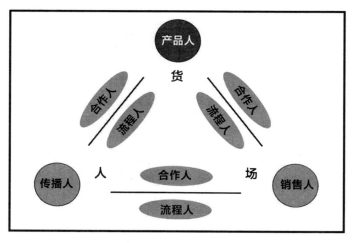

图4–2　人–货–场中的五类人

特质型的会计风格……

同理，传播特质型的人，也不是单指任职媒介经理、媒体投放一类具体岗位的人；销售特质型的人，不是单指任职销售员这类具体岗位的人；合作特质型的人，不是单指任职商务合作一类具体岗位的人；流程特质型的人，不是单指任职项目管理一类具体岗位的人，而是泛指具备某类优势与个人能力的特质风格的人。同时，一个人身上也不只有一种特质，而是五种特质都有，只是比例、侧重和突出程度不一样。

接下来，我们将逐一探讨这五种不同个人特质在职业发展中的运用，为了行文简洁、阅读方便，我们将这五种特质分别简称为产品人、传播人、销售人、合作人和流程人。

产品人

> 处处是创造之地，天天是创造之时，人人是创造之人。
>
> ——陶行知

用生命凝结经验，总是在发现和创造的产品人

"人－货－场"中直接产出产品的人，叫产品人。他们往往具备这样的特质：学习能力强、喜欢挖掘现象背后的本质，擅长发现事物的规律性；对特定话题有强烈的好奇心，并且能深入钻研下去。

相较于广泛的知识面，拥有某个领域的知识系统更能让他们感到满足。产品人还很善于总结，分享经由自己实践、观察、领悟得来的做事方法和经验，有时候这会比事情本身更令他们感到兴奋。

他们喜欢创造"作品"，特别是自己直接参与的"原创作品"。他们看重自主性，即便是学习借鉴他人的成果也会通过自己的理解进行"二次创造"。对于直接套用和简单复制的"不屑"，常常让周围不理解的人误以为他们很自负。

他们经常沉迷于头脑中的"作品创造"，对于热闹的社交活动不感兴趣，会给人一种距离感、清高感。在自信欠佳的情况下，他们还会表现得不合群，在人群中不容易被注意到。产品人发展良好的情况下，能创造出各种优质产品，但是他们并不是自己产品最好的宣传者。一方面因为他们更享受创造的过程，而不喜欢作品成型后宣传销售的重复性工作；另一方面对深度的追求会让他们更想继续深入下去，创造出更加优秀的作品。这使得他们难以有额外的动力去推广作品，也难以享受产品宣传带来的放大的市场价值。

同时，创造活动使得他们对独处、持续专注的时间有比较高的需求。在快节奏、多变化的环境下，他们容易表现不佳。在抓机遇、风口爆红的事情上很少看到他们的身影，但在细水长流、持续耕耘的角落里很容易发现他们的身影。

正是基于这样的特质，产品人通常适合做理论研究、技术研发、产品设计、内容创作、现象分析、问题诊断、规律总结、教学指导等专注型的工作。不局限于智力方面，在物品创造方面也有非常多的产品人，比如书法、艺术、烹饪、雕刻、建筑领域的大师等。

如果从能量形态的角度来描述，那产品人的能量像激光束，不声不响、安安静静的，靠近他们时你也会被沉静的气息所感染。在爆发力方面，产品人远远不及销售人，但是在需要持久单点击穿的地方，产品人是当仁不让的好手。

产品人容易遇到的三种发展困局

职场中，产品人容易遇到三种发展困局。

第一种发展困局是带着产品人的特质去非产品人的岗位。比如，产品人去做强销售属性的工作，就会不适应快速拉新、迅速成交、转移阵地的工作方式。针对这种困局的破局方法是发展一技之长的产品人能力，转到符合产品人特质的岗位上去。

第二种发展困局是在产品人的岗位上，只专注产品而不重视借用外部力量。这会使产品人的能力得不到施展，职业发展易受限。智谋如姜太公，也需要用直钩钓鱼的方式吸引伯乐前来。聪颖如诸葛亮，也要去结交徐庶、崔州平等贤士，借他人之口谋得施展才华的机会。因此，胸有丘壑的产品人要避免过于沉浸在自己的世界里，以免陷入孤芳自赏的境地。

第三种发展困局是产品人面面俱到，反而消耗了用于产品创造的精力。产品人学习能力强，容易把握事情的本质，因而对于其他类型的工作在短期内比较容易入门。在特殊环境下，他们也会发展出一定程度的传播人和销售人的特质，成为一个全能型选手。不过，产品人在传播工作与销售工作上的呈现是靠产品人的领悟力去支撑的。这种状态不可持续，还会消耗掉产品人宝贵的产品研发精力，造成后发无力的局面。

对于产品人而言，需要既理解自己的产品人属性，学会识别并为自己争取到工作中的"产品人"岗位；又要把握产品、传播以及与人合作之间的平衡关系。这样才能成为精神满足、物质效益最大化的幸福产品人。

什么都没有的时候，开始做就是有进展

张峰（化名）大学毕业后进入了国企，经历了三年的职业蜜月期之后，遇到了毫无波澜的职场倦怠期。靠电子游戏消磨了一段时间后，张峰一边揉着酸痛的肩颈，一边思索人生不应该只做个"消费者"，也需要创造点什么。

利用自己的工科背景和工作经验，张峰开始写博客，教人怎么使用办公软件 excel。"反正都是打发时间，把自己解决问题的方法分享给需要的人，比打游戏更有成就感。"张峰一开始的想法很符合产品人的特质——发现问题、解决问题，然后把解决问题的经验总结成有价值的"作品"。

"excel 的用法就那么多，掌握后几乎能应对 80% 的工作场景，

写到后面，我也没什么激情了。反倒是读者的一些问题让我产生了兴趣，他们很好奇我是如何做到一边工作一边还能写这么多东西的。于是我开始分享我的工作方法、学习心得和时间管理方法，"张峰接着说，"我觉得这些是更本质的东西，比怎么用 excel 更能解决问题。"

从现象问题深入本质问题的产品人特质牵引着张峰不知不觉地走上了知识型工作者的道路。当时还没有知识付费的说法，张峰凭借兴趣在博客上写的内容有了越来越多的读者，最终引起了出版社编辑的关注。"说实话，当时编辑问我愿不愿意出书的时候我简直难以置信！中学时候作文经常不及格，哈哈！"张峰就这样被推着开始思考怎么写一本书。

工科男的思维让他很快上手。他先是找来市面上所有与时间管理有关的书通读了一遍，哪些内容写过了、哪些内容没写过，哪些内容写得详细，哪些内容写得简单……就这样把相关主题的书都研究一遍之后，他还用 excel 做了个内容题目库，再和博客上自己已经写过的高阅读量文章进行关键词比对，很快便生成了提纲。

"从来没想过我也能写书，把书稿交给出版社编辑等待的那两个月心情特别复杂，"张峰坦诚地说，"那时候我觉得自己快红了，悄悄用计算器计算了自己可能会拿到的稿费，开始设想未来的很多可能性。说实在的，当时的我有点膨胀，甚至动了辞职的念头，觉得自己能做很多事，找到了成功的秘诀。"

"后来是怎么冷静下来的呢？是因为书卖得不够好吗？"我问道。"不是，书卖得还不错。当然，没我用计算器算的那么多，"张峰不好意思地笑了笑，"主要是没过多久我就当爸爸了，工作也发生了变动，一下子忙起来打乱了计划，不过这也让我清醒了很多。"

"后来其实挺有落差感的，想象的爆红并没有发生，工作上也遇到了瓶颈，有了孩子后经济压力也增大了。因为出了一本书，我收到了一些企业培训的邀请。当我在企业里讲课，面对思维更活跃、见识更广的人群时，才认识到其实自己根本没什么了不起的。感觉到了差距后，我憋着一股劲想做出更多的成绩。我发现自己没有经营经验，就跟朋友一起合伙创业卖电脑耗材。"

产品人往往会把自己看作"产品"，当发现自己这个"产品"性能不够优良的时候，就想要自我升级。在一定程度上，这会有一些效果。不过，负面效果也很明显。张峰之后的经历就印证了这一点。"虽然我写文章教别人怎么用电脑软件，但是我自己对销售电脑耗材毫无兴趣。很长一段时间没销量，我便开始严重自我怀疑，特别是看到别人能卖得很好，我自己做不到的时候就挺有挫败感的。差不多挨了半年时间吧，最后还是跟朋友商量退出了项目。"

这段经历让张峰开始思考：为什么有些事情无心插柳柳成荫，而有的事情自己努力付出却没什么收获？是迎难而上，还是退回舒适区做自己熟悉的事情？

脱离背景的问题其实很难有客观的解决方案，我们先给张峰介绍了个人成长周期模型，除了阶段之外，还重点介绍了五种个人特质。一番探讨之后，张峰也认同自己的产品人特质很明显。他在写博客到出书的过程中，产品人的特质使他在合格的职场人阶段有了代表作品。虽然张峰不知道个人成长周期模型，但是他不自觉地想要往下一个阶段发展。

用张峰自己的话说："起初什么也没有的时候，只要开始做就会有进展，不待在原地就是进步。可是在一个领域有了积累、有了作品之后，事情好像就开始有了走向，有了机会成本，反而不能想到什么就做什么了。"张峰的这种形容非常贴切，如果把个人成长比作滚雪球，起初只要开始动起来，把雪花攒起来就行，这时个人的意志是强于事情的动能的。一旦将雪花攒成雪球，雪球自己就有了动能，滚雪球就变成了个人意志（假设有推雪球的人）和雪球动能共同作用的结果。这时继续强调个人意志，忽视雪球本身的动能，反而会出现事倍功半的情况。

有经验的高手用"臣服"一词来形容这个过程，其实就是这个道理。当你意识到自己是事情的一部分，学会让事情的力量引领自己的力量，懂得分辨什么时候自己的力量占主导地位，什么时候自己的力量应该后撤时，就能逐渐从做事进入成事的境界了。

不要试图用新问题"假性解决"老问题

回到张峰的故事中，他了解到自己当前的困境实质上是要完成从合格的职场人到出色的业务高手的进阶。张峰想成为的业务高手是个人成长方面的专家。换句话说，他的特质是产品人的特质，需要结合产品人的策略来规划。

本书的第 3 章介绍过，从个人成长周期阶段的角度来看出色的业务高手的核心任务是聚人成事，关键能力是团队协作能力。实际上，就是从"自己很厉害"成长到"和其他厉害的人一起变得更厉害"。因此，张峰不能只是停留在产品人特质上，而要长出触角并与其他特质的人协作，实现更大的发展闭环（如图 4–3）。

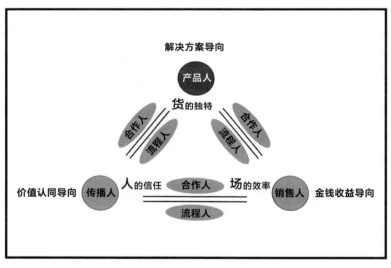

图 4–3　人 – 货 – 场中五类人的特质

站在张峰的角度，过去写博客的积累让他在个人成长领域有了解决方案，也就是"货"。这个"货"在实现了第一阶闭环（出版书）之后，需要扩大到第二阶闭环。这里就延伸出两种可能：一是扩大到"人"，构建"人 – 货"闭环；二是扩大到"场"，构建"场 – 货"闭环。

二者的区别在于"人 – 货"闭环走的是解决方案 + 价值认同导向，比如"好产品为自己代言"，考验的是张峰的传播人潜力或者与传播人合作的能力。"场 – 货"闭环走的是解决方案 + 金钱收益导向，比如"卖得好的就是最好的"，考验的是张峰的销售人潜力或者与销售人合作的能力。显然，从张峰销售电脑耗材项目的尝试来看，他的销售人特质不突出，现阶段不适合走"场 – 货"闭环。

谈到这里，张峰突然明白了和朋友做电脑耗材项目行不通的原因。表面上看，他是在突破困局，实际上他已经从个人成长领域跳到了电子零售领域，在还没有形成闭环升级的老阵地一下直接转到了完全陌生且没有积累的新阵地。**试图在新的问题上解决老问题，怎么可能行得通呢？**

认识到问题症结之后，张峰一扫挫败感，又充满了干劲，调整了通关策略。张峰的做法是去和大量忠实读者沟通，根据读者的反馈把博客内容和书做了调整，并通过出版社的帮助，积极打磨了好几份内容样品投递到与自己价值观匹配的内容传播平台上。在还没有突出传播人特质的时候，张峰适时地选择借助传播平台的力量。在这个过程中，张峰从过去埋头分析问题、解决问题的产品人，"被迫"开始进行大量的沟通。

"换作以前，我会很排斥，因为很多沟通到最后都不了了之了，感觉很浪费时间。可是现在我知道沟通有没有成果并不重要，重要的是这个过程在帮助我锻炼合作人的能力、升级传播人的能力，过程本身就是收获。"

境随心转，张峰转变思路后不到一年，他的本职工作有了意外的突破。他从技术骨干转到了项目管理，负责领导一个小团队。在个人成长方面，张峰的专栏样品经过多次打磨，终于得到了喜马拉雅团队的认可，被纳入年度重点推广计划，相当于有了一个专业外挂团队助攻。

张峰回到了"好产品＋好传播"的道路上，他精益求精的产品人特质再次为他赢得了机会。同时，在"人－货"闭环精进的道路上挖掘出了新的潜在特质。属于张峰的"雪球"再次滚动起来，对于未来，他不再盲目自信，也不再自我怀疑，而是学会和"雪球"共舞，享受这个过程，发现自己更多的可能性。

产品人的发展策略：重要的是本质，而不是形式

我们每个人在职业进阶发展中，要结合个人特质来做策略规划。这并不意味着刻板地套用个人特质，狭隘地理解产品人只适合做创作产品的事情。现实中，还有大量产品人从事的是传播、合作、销售工作，只不过在这些工作上他们利用的是产品人的特质。

例如，我们访谈过另外一位产品人。她从事的是销售工作，先后销售过虚拟的教育产品和具象的实物产品。我们深入了解之后发

现，不管是卖教育产品，还是卖实物产品，她都是在利用产品人的特质去做销售工作：理解产品本身的功能价值，注重使用产品后用户能得到的经验价值。

她的销售方式充满了产品人的印记：与用户的关系很深入，复购率很高，还经常出现客户成为事业伙伴的情况。即便做不到典型销售人快速爆发的业绩，持续稳定增长的态势最终也让她取得了不错的销售成绩。

因此，当读者在理解和发挥产品人特质时，要结合具体情景具体运用。不要停留在形式层面，以免生搬硬套、舍本逐末。

传播人

> 影响大众想象力的，并不是事实本身，而是它扩散和传播的方式。
>
> ——古斯塔夫·勒庞，《乌合之众》

燃烧自己，把光芒分享给世界的传播人

"人 – 货 – 场"中吸引人、影响人、积累人群信任的人，叫传播人。他们通常具备这样的特质：分享欲强烈，恨不得把自己遇见的美好事物告诉全世界；观察力敏锐，能快速洞察他人的情绪变化和内心需求；爱好广泛、领悟力强，对于新领域、新事物上手快，但也容易浅尝辄止；表达力强，稍微练习就能把握表达的技巧；个性

突出，容易成为人群中的焦点。

他们喜欢分享好东西，特别是符合自己审美和价值观的事物。通过他们的描述，事物也会显得更有吸引力，连小众产品也能在他们的推荐下变得流行起来。

与销售人直接分享产品本身不同，传播人的分享注重亲身体验。"我没办法分享自己无感的东西"是他们的口头禅。传播人更愿意分享他们自己体验过的事物，不免影响他们传播推荐的效率。他们做不到只推销而不在意客户的感受。事实上，传播人的分享热情来自对人的关心，而不是对产品本身的狂热。因此，他们倾向于私人化推荐——"吃了这家甜品店的点心简直开心到爆，谁谁谁最近压力有点大，我要让她来"，类似这种建立在对身边人关注基础之上的精准推荐，对传播人来说推荐匹配成功率非常高，但也比较费时。因此，传播人非常需要找到适合自己的传播媒介，来放大自己的推荐效率。

对分享真实的追求，使得传播人比其他人更愿意分享自己真实的个人生活。这种真实性在极具感染力的同时，也容易让周围不理解的人误以为他们是在博眼球，或者被断章取义。

由于好奇心强、喜欢变化、适应能力强，并且具有包容的心态，传播人学什么都比别人领悟得快，又懂得察言观色、需求匹配，对于周期短的事情容易在早期收获满满。然而真正厚实的红利需要长期做、重复做，这对喜欢新鲜变化的传播人来说的确不是一件愉悦的事情。因此，发展状况欠佳的传播人也常有"空有一身才华但缺少机会"的怀才不遇感。

不过，传播人只要找到变化和持续、新鲜和重复、专业精进和满足好奇心之间的平衡，凭借敏锐的洞察力和极具感染的传播力，往往会成为所在领域的佼佼者。

基于这样的特质，传播人通常适合做营销策划、商务经纪、宣传推广、用户需求探测、流行内容创作、创意表演等传播表达型工作。不仅限于商业活动，在文化、学术、技艺等领域，传播人也能用独有的表达方式创造出令人眼前一亮的作品。

如果从能量形态的角度描述，传播人的能量像爆炸光束，想不关注都难，并且是跨领域、跨人群、多方向的。在滴水穿石方面，传播人不及产品人，但是在引领小众品牌破圈并打开多元影响力方面，传播人绝对是最出色的。

传播人容易遇到的三种发展困局

个人成长过程中，传播人容易遇到三种发展困局。

第一种发展困局是空有传播的热忱，没有传播内容。在传播人的传播影响力本身变得有价值以前，在某个领域积累专业素材是非常重要的。

第二种发展困局是如何把传播变成传播影响力。电影、电视、电台、户外广告、网红、直播主播、社交媒体种草……如今的传播渠道十分丰富，传播本身并不稀缺，稀缺的是传播影响力。同样的一支口红，A 主播来传播能影响 10 个人买，李佳琦来传播能影响 10 万人买，后者的传播影响力才是稀缺的。当然，并不是所有的传播人都必须做到李佳琦的流量才能拥有传播影响力。几百人、几千人照样可以打造传播影响力，重要的不是数量，而是传播带来的影响力价值能否支持传播人跨越边际成本实现下一步的发展。

同样是 3 万粉丝的博主，一位博主写的商业软文效果不温不火，付费价值 800 元；而另一位博主写的商业软文效果极好，付费价值 8 万元。后者就可以有更多的资源撬动具有更高价值的职业机会。不管是图文型、声音型、视频型的传播人，还是剧情型的传播人，都需要关注传播的效果，而不仅仅是传播的快感，毕竟只有传播真的有效果才能支持传播人做好传播这件事。

第三种发展困局是如何在传播有了爆发势能后，把传播影响力转换成系统影响力。传播人的传播能量是爆炸式的，来时万千瞩目，散时寂寞寥落。因此，如何承接住传播影响力，并适时转换成更可持续的系统影响力，就成了传播人的一大挑战。

对于传播人而言，才华伴随热闹的机会让人生总是充满新鲜刺激。然而，越早明白无常即是常、高点亦是转折点，用修养稳定内心、用自律雕琢技艺，方不致"成也萧何，败也萧何"，才能享受到奋斗过后平和喜乐的生活滋味。

传播人的内心矛盾：退缩不自信与闪耀有野心

微博上有一档热门的女性人物微纪录片节目——《闪光少女》，讲述了 100 位来自各行各业的优秀女性的故事：有 90 后创业女性为野心奋斗的故事；有 56 岁阿姨离家一个人自驾游的故事；也有复旦女教授讲述爱情的故事……目前这些纪录片的微博平均播放量是 200 多万，累计全网播放量超过 1 亿。

这档节目的创始人叫斯斯，如果从标签或头衔的角度来认识斯斯，她是新浪微博十大情感大 V；是央媒认证的新女性创业领袖；是福布斯 2020 年 30 岁以上精英榜上榜女性。如果通过成长经历来认识斯斯，她的故事是一部"行走的传播人教材"。

斯斯的家乡是江苏的一个三线城市，她的家庭背景没有什么特别之处，她经常在自己的微博上跟喜欢她的粉丝分享"我就是普通的女孩，我在为我的人生努力"。翻开斯斯努力的印记，看到的是一个女孩如何一步一步跌跌撞撞地走出自己传播人特质的进击之路的。

斯斯毕业后的第一份工作是地方网站的女性频道主管，每月工资 1200 元。这样的人生不是斯斯想要的，于是她选择一个人去北京打拼。梦想很美好，现实却很残酷。斯斯到北京做的前三份工作都不是很顺利，她形容自己的 20 岁"像个四处漏风的盒子"。后来，斯斯加入了罗辑思维团队，领导发现斯斯每次说话都像要钻到地缝里一样，说斯斯太胆怯了。就这样，一边内心充满胆怯、一边又想要闪耀发光的斯斯半年后再次离开，开始了自己的创业之路。

不懂传播人特质的 HR 遇到斯斯这样的候选人，很容易做出"没有常性"的判断。然而，想要去更多的地方、看更多的风景、经历更多的故事，原本就是传播人骨子里走出去的力量。他们也许不知道为什么要走出去，但很清楚待在原地不舒服。

如果了解传播人的特质，你会发现这股忍不住想要"走出去"的力量其实是天生的影响力原力。可以说只有对世界充满强烈的好奇心、想要不断探索的人才会有影响他人的基础能量。

正是这种天然的力量拉扯着传播人不断走出小地方，去大城市打拼；离开小公司，转到大平台；放弃边缘位置，为自己搭建中央舞台。这股力量如果有健康自信的心理基础固然很好，不过斯斯和很多人一样，并没有从一开始就很幸运，所以需要一边燃烧自己的优势，一边缝补内心的不自信。

幸运的是，在这场和自己内心冲突的较量中，斯斯跟跄着熬过来了。"拍《闪光少女》这部纪录片有时候就像拼图，我看到的是支离破碎的自己被一点点建立，再被一点点拼完整。"在斯斯 30 岁之际，她如此总结自己的创业心得。

斯斯的第一份工作是地方网站的女性频道主管。如今，她利用自媒体创办了一档启发数百万女性自我力量的栏目。生活似乎跟斯斯开了一个玩笑，兜兜转转 10 年像是做回了相似的事情，但却有完全不一样的心境和认识。

这就是传播人的成长隐喻，他们有一股原始的想要站在舞台中央的动力，也有着萦绕不散的我不配的挣扎。他们极富感染力地去传播分享、给世界带来不一样的声音，同时这也是他们自我接纳、自我和解与自我超越的过程。

接纳、和解、超越自我

矛盾和不自信　　　　肯定自己内心的冲劲　　　为自己搭建中央舞台

传播人的跃迁关键：传播"这件事"和传播"这门手艺"

传播人在捕捉用户需求、抓取情绪共鸣点、画面感表达方面是极有天赋的。对他们来说，这是随时随地就可以做的事情。然而，正是因为传播这件事对他们来说太过自然了，他们反而不容易将其做成手艺。

一件事要变成手艺，就离不开某种程度的固定形式或者重复。比如，网红店做寿司，会跟随流行趋势出榴莲寿司、辣椒酱寿司、咖啡寿司等各种新奇口味……而食客络绎不绝的口碑寿司店，一定会有一款经典、简约的招牌寿司常年列在菜单的显眼位置。

对于喜欢新奇、变化的传播人来说，固定形式和重复是他们最不待见的。但是，传播人要想把传播这件事变成一门手艺，就必须找到某种适合自己的固定形式和简单重复，以此为根基吸引到足够多的注意力，如此才能抵消传播本身的流动性，形成某种固定的"护城河"，也才有实力去做其他新鲜的、变化的传播事情。

从本质上讲，传播的属性很像水，是流动的，力道既能如涓涓溪流般水滴石穿，也能如洪水滔天般摧枯拉朽。如同"传播"二字一样，传播本身无法停驻，只有在流动中才能体现出传播的价值。这就造成一组矛盾：传播必须流动，而记忆却需要停驻。那么，对于传播人而言，如何既流动，体现传播价值，又能停驻，使人记住呢？

还是通过水找答案。青海湖的水是水，西湖的水也是水。这两个湖的水是流动的，两三年时间湖里的水几乎就换了一遍，此时水非彼时水。而作为"青海湖""西湖"这两个地名与地理形态，它们是停驻的、可被记忆的。换言之，传播人需要有一个"固定形式的湖"来承载"流动传播的水"，经年累月成为"职场地图"上不可磨灭的"地标印记"。

在这方面，罗振宇和樊登这两位知识服务领域的传播顶流就做了很好的示范。罗振宇和樊登都有在电视台就职的经验，在传播这件事上他们算得上是科班出身，深谙传播的固定与流动之间的奇妙配比。

自 2012 年起，罗振宇每天早上 6:30 发 60 秒语音，一做就是 10 年。60 秒语音听起来很容易，但要做好就需要手艺。一条 60 秒的语音，罗振宇会事先在前一天写成文字稿，反复斟酌字句删减到 320 个字符，然后用专业主播字正腔圆的嗓音把稿子录下来，60 秒的语音反复录制 10 多次更是家常便饭。这样一件事，做一年容易，做三年、五年自然就成了"门槛"，成了传播的那个"形"，以及传播人被人记住的"停驻点"。

之后，罗振宇尝试过其他"多元传播"：卖过月饼礼盒、开跨年演讲……这些多元尝试有成功的，也有不尽如人意的。但不管做什么尝试，他每天早上 6:30 的 60 秒语音从未间断。

樊登读书的创始人樊登，也是通过每周讲解一本书开始创业的。早期，樊登给想读书而无法自己读完书的人发 2000 字左右的精华读书笔记，后来他发现读书笔记大家也不爱看，就在微信群发语音讲书。再到后来，他开发了独立的 App，不仅有了音视频，还有文字稿、思维导图和读后小测验。靠着每周雷打不动地讲解一本书，他讲了近 400 本书。樊登读书的用户也从 2013 年的两个群约 1000 人，发展到如今的 2000 多万用户，在图书市场形成了强大的传播影响力。

传播人有着洞察流行趋势的敏锐，也有让事物、理念、生活方式流行起来的强大感染力。他们容易发现机会，也容易在机会中迷失。只有当传播人下定决心做到变化和持续、新鲜和重复、专业精进和满足好奇之间的平衡时，他们才会迎来自己的跃迁拐点，成为手握传播影响力价值的弄潮儿。

传播人的发展策略：良禽择木而栖

几乎任何东西到了传播人手里都能流行起来，听起来仿佛传播人有着点石成金的魔力，成功对他们来说似乎是轻而易举的事。实际情况中，传播人却常常有"受限于人"、有劲儿使不出来的无力感。

这是为什么呢？因为传播人自己不生产产品，他们需要别人给他们提供产品来传播，这就需要产品供应方能够保质保量地稳定提供产品。如果传播人手里的产品有限、产能有限、产品溢价空间不足，收益无法覆盖成本，传播人无法获得持续的收入，就会显得"受制于人"。

在经纪人业务中，这种情况比比皆是。一个经纪人如果手里的艺人少、做不到多出工的话，经纪人就会相当被动。在企业中，如果产品业务不稳定，总是改来改去或者品类过少，传播人也很难发挥自己的价值，显得没有产出。

不少传播人为了变被动为主动，会自己出来研发产品自产自销。一个人分饰产品人、传播人的角色，还得带着合作和流程，必然分身乏术，反而会适得其反，连最拿手的传播也做不好。

为了避免陷入这种僵局，传播人应该采用什么策略呢？对于初入职场的传播新人来说，当你发现自己的特质符合传播人的时候，一定要仔细考察公司平台的产品是否符合你的价值导向，以及产品性能和受众群体是否稳定。此外，公司如果有专职的销售队伍就更好了。

要知道，对于传播新人来说，其传播能力尚未成熟，需要在一个相对稳定的环境中，借助相对稳定的业务提升能力。如果此时进入产品、业务、人员变动都很大的初创公司或者业务处于转型期的成熟公司，就容易陷入"巧妇难为无米之炊"的被动局面。

度过了新人期的传播人，传播能力得到了训练，至少完整地做过两到三个传播项目，接下来就可以在组织中或者组织外寻找有潜力的项目，力争参与进去，和更加优秀的产品人、销售人搭档，创造出具有代表性的职业作品。不管在组织内晋升，还是跳槽、自主创业，这都会是加分项。

要想参与重点项目，和更优秀的产品人、销售人搭档，传播人就需要基于传播特质刻意兼容合作人、流程人的一些特质，让自己长出协作"接口"，相较于其他传播人，更容易与产品人、销售人衔接上，形成强强联合。

合作人

> 能真正让自己变强大的，不是去征服别人，而是全力引导合作。
>
> ——罗伯特·阿克塞尔罗德，《合作的进化》

人生字典里没有陌生人的合作人

"人－货－场"中识别产品人、传播人、销售人、流程人并将彼此联结起来的人，叫合作人。他们往往具备这样的特质：情商高、情绪洞察力强，能快速捕捉到不同人的状态和需求；善于营造融洽氛围，让周围的人感到舒服；心思细腻、思维缜密，能注意到旁人忽略的细节。如果说产品人是创造价值的高手、传播人是放大价值的玩家，那么合作人就是探测价值的能手。他们胸腔里的那颗七窍玲珑心，总是能在一堆沙砾中识别出少许的几粒金子，也能在普通的石头上发现特别的纹理。"璞石经手便成美玉"说的就是合作人的特质，不管是人、产品，还是创意，合作人会在早期发现被低估的价值，并通过奇思妙想、联结组合让价值得以放大，这是让合作人特别有成就感的事情。

他们身上这种善于发现"低估价值"的特点，再加上乐于助人的性格，使得他们收获了极好的人缘。毕竟，没有人不喜欢在别人眼中是千里马的感觉。与此同时，合作人眼里看谁都有优点、跟谁都能交朋友的风格，偶尔也会让旁人感到迷惑，难道他们"就没有讨厌的人吗"？情绪上来的时候，他们也会有吐槽，但当冷静下来后，他们是真心觉得没有不好的人，没有达不成的合作。正是这份包容和多元化，成就了合作人跟谁都能合作的多接口才能。

合作人对人的需求很敏感，给人带去价值和帮助是其成就感的重要来源。因此，成长早期的合作人容易陷入不断去撮合、不停去满足的局面，导致很多事情只有美好的开始，而没有后续。不停满足他人需求的状态也会让合作人很辛苦，这种状态难以持续。合作人在成长过程中，有时还会经历自我价值怀疑，也就是对合作能力本身产生怀疑。他们会觉得产品人有产品，销售人有销售业绩，而合作人的合作能力看不见、摸不着，又无法量化价值，从而感到没有底气。为了消除这种不安全感，合作人有时候会模仿产品人、销售人，通过做产品、销售来重新感知自己的价值。

合作离不开人，越是庞大复杂的合作项目越离不开大平台、大团队。因此，成熟的大平台或是职员众多的大公司更容易让合作人发挥自身优势。即便不在大平台，合作人也总能通过自己的方式织出一张网，让自己保持尽可能多的接口。合作人或许不会像传播人一样一夜爆红，也不会像销售人一样单兵抵千军，然而在任何一个做成行业标杆的组织或团体中，一定少不了出色的合作人的身影。他们是那个能让人群成为团队的关键因子，绝非没有价值。在未来，跨组织、跨团体、跨行业的协作将更加频繁、多元，各类优秀的组织也将需要更多的专业合作人。

基于这样的特质，合作人通常适合做外交谈判、商务合作等工作，也适合从事人才识别、团队凝聚等人力资源相关的工作，又或者是体制内、协会组织等需要大量多方沟通、多方合作的工作。不仅是政商领域，文艺界也有非常多的合作人，比如制片人、策展人、品牌推手等。

如果从能量形态的角度描述，合作人的能量像晕染的染料，会轻柔地、令人舒适地、兼容度非常高地弥散开来。在传播穿透力方面，合作人可能不及传播人，但是在复杂人际关系的把握、把不同声音调和成悦耳乐曲方面，合作人堪称艺术家级别的好手。

合作人容易遇到的三种发展困局

合作人在成长过程中离不开四个字——聚人成事。聚集合适的人才，成就有市场前景的事。同理，合作人发展的困局往往也跟人和事有关。要么无人可聚，聚不了更优质的人才，抑或是人才聚不长久；要么无事可成，或者成事时机不佳、前景有限。

合作人在早期经常无人可聚、琐事缠身。初入职场的合作人通常都是从基础岗位，甚至是端茶倒水、打印跑腿做起。越是基础的工作，越能体现出合作人的细致优势。同样是基础岗位，产品人的细致侧重于事情，能把文档校对得一个标点也不错，能把PPT做得精细有质感。合作人的细致更侧重于人的体验，在接待重要客户、组织专家会议、负责团队年会这类工作上，他们能让不同层级、拥有不同喜好的人都感到满意。一旦人满意了，事情就成功一半了。合作人也常常因为把握住了这些做小事的机会而得到赏识与提拔。

当然，也有不少年轻合作人在这个"无人可用、琐事缠身"的基础阶段耐不住寂寞、沉不住气，总是向往更大的舞台和更好的机会，而忽略了手头一件件可以做好的小事。

练好基本功的合作人进一步发展就会来到第二个阶段，体现为人多眼花、事多心花。得到赏识的合作人被提拔到管理岗位后，可谓如鱼得水。他们能游刃有余地发挥身边人的优势，促成一项又一项共赢的合作。

不过，这个阶段的合作人特别需要建立一套自己的标准并持之以恒地去践行。在合作人眼中，所有人都有优点，凡事都有价值，这是他们包容多元的优势。然而，过犹不及，如果没有一套筛选标准，不对人和事进行评估取舍，很容易造成年初遍地开花、年终收成无几的局面。

既有扎实的基本功又懂得人事评估的合作人，在职场上实属难得。再进一步发展，会进入"聚牛人成难事"的高手阶段。这个阶段，合作人遇到的困局来自自己。在前两个阶段，耐心一点、多做一点、聚焦一点，总能把事情做好，这是力所能及的范围。

到了聚牛人、成难事的阶段，很多时候不再是我们多付出就能有收获。厉害的人有自己的想法，困难的事有客观规律约束着，很多事情不是单凭人的外力就可以处理的，需要的是心力。合作人朋友多，有影响力，又做成了几件出彩的事情，一不小心就容易陷入自我陶醉、感觉良好的泥沼。尽管合作人还是会谦逊待人，但内心的舞台中心感、自我优越感不经意间还是会表现出来，被旁人感知到。在高手阶段，这种细小的不一致看似无伤大雅，实则正是高手修炼心性的关键所在。不少优秀的合作人在这个阶段找不到关键突破口，成长就会陷入停滞。

初出茅庐，机会总是留给有心人

王文丽（化名）是 70 后，家乡在广西某个小乡镇。因家里兄妹多、父母负担重，作为长姐的文丽虽然学习成绩好，却不得不在高中毕业后选择进城务工，到广州一家服装厂做女工。服装厂的工作很辛苦，每天几乎都要工作 12 小时，遇到订单量大的时候，还会通宵三班倒。

虽然文丽不怕吃苦，但是她意识到不能一直待在工厂里出卖体力，得想办法找机会走出去。于是，合作人敏锐的人际雷达开始探测，她注意到组长是四川人，而工厂食堂的饭菜偏淡。于是她就趁放假的时候，从家乡的老人们那里学会了腌辣椒酱，然后隔三岔五地带给组长，一来二去就跟组长熟络起来。

回忆这段早期经历的时候，文丽还特别有感触地说道："现在的年轻人总觉得自己有能力就是本事，不屑于做一些让别人高兴的事情，觉得是拍马屁。他们忽略了事情是人做的，是人就有喜怒哀乐，能让别人时常感到心情愉悦，让工作的氛围好一些，也是一种能力。现在企业流行组织文化，本质上就是让人工作得开心嘛。换一个词就觉得高级了，其实本质是一样的。"

　　文丽想要改变境遇的意愿太强烈了，在没有其他任何方法的情况下，她本能地发挥了合作人探测需求、满足需求的天性。"我不是只给组长带辣椒酱，也经常帮工友打热水、带饭、换班，别人有需要，我就尽力去做，让周围人喜欢自己总归没有坏处。"文丽补充道。

　　给组长带辣椒酱时，文丽偶尔会听到组长跟别人聊天说起服装加工如何辛苦却不挣钱，而那些上海的客户公司因为有牌子就能赚大头。从此，"上海客户公司"六个字就在文丽心里种下了种子。没过多久，又到了订单旺季，三班倒时没人喜欢值夜班，文丽却留了下来。因为她观察到夜班人少，如果有什么加急任务说不定自己就能顶上。

　　"没什么专长的时候，尽量多做一点也是一种专长，哈哈哈。"文丽不失幽默地总结说。果然，机会总是留给有心人的。有一天夜里客户公司打来紧急电话，说是样板错了，需要紧急更换，而且不能耽误工期。文丽就配合组长挨个找来已经休息的工人，加班加点地重新赶工。文丽还特别留心地每隔两小时给客户公司联络人打电话同步情况进展，这个细节让对方印象相当深刻。

　　后来这件事被厂长知道了，文丽在紧急情况下懂得照顾客户情绪的反应也让厂长眼前一亮，再一打听发现文丽在组长、工友那里有口皆碑。很快，文丽就被调到厂长办公室，负责客户对接工作。在旁人看来，文丽的这一步跳转有运气的成分，但不可否认的是，运气最终被谁抓住靠的是平时的积累。

从客观上来看，合作人在成长过程中的确比其他特质类型的人有更多"贵人相助"的情况，而这并不代表合作人本身就没有付出和努力。合作人的特质决定了他们的价值就在于能凝聚不同性格、不同背景的人。他们为凝聚大家所付出的时间和精力，并不比产品人做产品、销售人做业绩所付出的精力少。只是在外界看来，好似他们的成绩都是因为认识谁、跟谁关系好，而这恰恰证明了他们善于合作。如果合作不是一种稀缺能力，就不会有这么多教人交朋友、建立人脉的书和课程了。

真希望合作人自己能尽早认识到合作能力的宝贵，产品人、销售人、传播人、流程人也能学会珍视合作人的这种能力。不管是在职场中发展，还是个人创业，合作能力都是大有裨益的。

人上常联系，事上勤磨炼，是合作人的自我修炼

凭着一股强烈的意愿，文丽跳出了工厂流水线车间，来到了厂长办公室。还没等文丽高兴几天，她就感受到了新环境带来的挑战。厂长让她负责跟客户公司对接，至于怎么对接、对接什么、要做哪些事情，文丽一头雾水。她请教办公室的其他同事，大家表面上和善，实际上都跟她保持着距离，一时间文丽陷入了新的困境。

文丽照常捎带辣椒酱去看之前的组长，才了解到厂里对她的升职传出了各种流言。想到自己被迫中断的学业、没日没夜的加班和尽力待人以善的付出，一股委屈涌上心头，大颗大颗的眼泪止不住

地掉下来。好长一段时间，文丽都心不在焉，甚至有了重新回车间的想法。她鼓足勇气向厂长说出了自己的想法，厂长良久不语。

第二天，厂长让文丽去办公室，给了她一张收据和一张写着地址的纸条，说："你要真想回车间，我不拦你。但是在回去之前，你先去这里学两个月，学费用你的工资抵扣。话是人说的，路是自己走的。你要是觉得自己不是只有小聪明，就去学点真本事回来吧。"

文丽没有想到厂长会跟她说这些话，她接过收据和纸条一看，原来厂长给他报了成人英语学习班。厂里接的外贸订单越来越多，但是懂外语的人很少，经常出错，耽误工期。厂长看文丽的底子好，想让她去试试。那天文丽想了很多，她明白自己并不是真的想回车间，但是又不知道该怎么办。文丽意识到很多事情不再是一罐辣椒酱就能解决的了，她需要有真正的硬本事。

就像弥补自己没能上大学的遗憾一样，文丽在英语班疯狂地学习。周到开朗的性格让她在班里交到了不少朋友。学习结束后，文丽回到厂里，她像变了一个人似的，不再关心别人怎么评价她，而是想尽各种方法使用英语。不管需不需要，把办公室里的中文传真、邮件、订单翻译成英文，英文翻译成中文，好几次帮助同事避免了错印、错发的情况。渐渐地，文丽用自己的新技能打开了局面，重新交到了朋友，做出了一件又一件漂亮的事情。

文丽还是经常给组长、工友带辣椒酱。她说自己是真的感念他们，不会因为新人而忘了旧人，直到现在她依然保持着这样的习惯。只是她感谢的名单越来越长，每年送礼物的花样也越来越多了。

在向我们讲述这段成长经历的时候，文丽已经年过半百，是一家世界 500 强零售公司的亚太区副总裁。每年校招的时候，只要有空她都会亲自到校园里跟大学生讲述她的职场发展故事。文丽一路有贵人提携，现在的她也想回报这份幸运，成为很多年轻人的贵人。访谈接近尾声的时候，我们跟她分享了对合作人特质的观察和总结，文丽觉得非常像她，还贡献了一条金句送给读到这本书的合作人：**人上常联系，事上勤磨炼，是合作人的自我修炼。**

合作人的发展策略：做只有代表作品的"好运花蝴蝶"

产品人、传播人、流程人和销售人容易感受到的"怀才不遇"，在合作人这里似乎不太明显；相反，合作人时常有别人没有机会送上门的好运。正所谓"祸兮，福之所倚；福兮，祸之所伏"，容易得来的机会反而不容易引起合作人的重视，使得不少合作人在职业生涯中缺少奠定行业地位的成名代表作，无法顺利进阶到合作人真正发挥聚人成事能力的阶段，职业发展格局易止于小成。

因而，合作人最需要提醒自己的是在职业发展早期，储藏做资源咖、社交花蝴蝶的天生能量、抑制住自发冲动，先把凭借好运得来的贵人提携、工作机会聚集起来为己所用，拿出攻城般的意志创作出代表作品，建立起专业影响力。等到可以带动更大的生态时，再发挥热心助人的天性，联结资源、制造机会去帮扶他人，做优秀的产品人、销售人、传播人、流程人的贵人，真正发挥出合作人聚人成事的特质和能量，成就他人，也成就自己。相反，如果过早地消耗机遇与能量，短期来看无法成就自己，长期来看也无法助益他人，并非合作人善待自己的策略。

这方面有一位人物很有代表性，不仅成就了自己，也发挥了合作人的能量，帮助了很多人。他就是有着"中国公关第一人"之称、国际领先的公关顾问公司万博宣伟的中国区董事长——刘希平。刘希平出生于 1961 年，已经年过六旬，却还保持着如健身教练般的矫健身材，看起来跟 30 多岁的年轻人没有太大区别。刘希平在公关界堪称"大佬"，他的一个转介绍可能就是晚辈后生的职场转折点。一方面是工作需要，另一方面也是性格使然，刘希平非常喜欢交朋友，用他自己的话说就是：天下没有陌生人。他的朋友遍布各行各业，他经常给朋友们牵线搭桥，加上他本人喜欢穿戴鲜艳的服饰，活脱脱像人群中的花蝴蝶。

在外界看来，刘希平的成功来自他的标新立异和广泛社交。但如果仔细去研究他的职业生涯，会发现合作人资源大佬的道路都是由一个个合作代表作品堆砌出来的。刘希平的公关道路并不是一开始就很顺利，他在正式进入公关行业前先在航空公司做了 10 年：前 5 年在机场做地勤，后 5 年在总公司做营销。这 10 年对刘希平来说算得上顺风顺水，但他并没有因此懈怠，而是借助在航空公司工作的便利，尽量为陌生旅客提供举手之劳，广结善缘，同时也常常利用节假日搭乘班机外出见世面。

广泛的见识和出色的人际交往能力是刘希平早期职业生涯的能力名片。后来，航空公司发生空难危机事件，刘希平就被推荐到危机处理小组，负责与公关公司和波音公司的顾问打交道，这对刘希平来说是他在公关事业上第一次出代表作品的机会。他认真的工作态度和不错的合作能力给当时的公关公司留下了深刻的印象。后来这家公关公司在台湾地区的分公司有了职位空缺，刘希平就再次被推荐过去，正式开启了他的公关事业生涯。

当时台湾地区的分公司还很小，只有五六个人。刘希平刚过去就要给客户公司做汇报。他把这次汇报看作成就另一个代表作品的机会，他并没有因为自己之前的危机公关经验而对此有所轻视，反而拿出 200% 的认真态度反复演练和打磨。汇报结束后，客户公司给总公司发邮件，赞许他是双方合作以来接触到的汇报做得最好的同事。这样一来，刘希平又为自己在新公司建立了代表作品。

通过这种代表作品精神，像滚雪球一样，刘希平争取到了更多的好机会，做出了宝洁、麦当劳、北京奥运会等动能越来越大的业界案例，最终为他赢得了"公关第一人"的美誉。刘希平的职场故事对合作人最大的启发在于无论处于职场发展的哪个阶段，都要兼顾好聚人和成事这两件事。

聚人是为了成事，聚集的人顶不上的时候自己硬抗也要顶上去。同时成事的时候还不忘聚集更好的人才，所以要不断地走出去，让自己接触不同的人才。旁人看刘希平像花蝴蝶一样穿梭在不同的酒会、晚宴中，但其实他是把聚集人才这件事也当成职业作品来看待。为此，他付出了很多外人所不知道的努力，比如经常一天只睡三四个小时，每天坚持跑步六千米，每晚坚持阅读，在万博宣伟工作 16 年只请过一天病假，等等。

"在职场中，再好的性格，也好不过能解决问题的能力；再贵的人脉，也贵不过数十年如一日的真诚品格。"这是刘希平成就公关事业的经验总结，相信也是合作人值得借鉴的成长方法。

销售人

> 没有目标，哪来的劲头？
>
> ——车尔尼雪夫斯基，《序幕》

敢想敢做，不达目的誓不罢休的销售人

在"人 – 货 – 场"中开疆拓土、攻坚克难，实现产品和人之间价值对接的人，叫销售人。这里的销售人并不限于销售货品的销售员，而是指能清除障碍、将价值交付到消费者手中的人。他们交付的可以是实物货品，可以是个性服务，可以是抽象概念，还可以是他们自己。销售人通常具备这样的特质：精力旺盛、行动力强，一个人可以承担好几个人的工作量；竞争欲和目标感都比较强，对于认定的事情往往不达目的誓不罢休；个人战斗力强，加上想到就做

的风格，独立工作的时候表现突出。由于销售人的目标感和获胜欲强烈，容易忽略周围人的感受，言行比较自我，在团队中显得不够融洽。

他们喜欢行动中的感觉，发展良好的销售人能够平衡好竞争和人际的关系，从而走上自我挑战、自我超越的良性成长道路。与传播人交付价值、看重情感联系不同，销售人更加务实。他们不会通过取悦客户来促进销售，因为他们相信自己的产品本身足够好，客户不买是客户的损失。这份自信让销售人自带气场，所以他们的确很容易做出销售成绩，这也是我们把具备这类特质的人称为销售人的原因。

归根结底，销售人不管是卖产品、做服务，还是创业，之所以能做出亮眼的成绩，是因为他们具有不服输的特质。产品人在研发一个产品的时候，其动力来自对事物规律的探求，来自"我想做""我认为世界应该有这样一个产品"的主观意愿。如果有人反对，销售人反而更有干劲儿，非要做成不可。

销售人身上的这股执着劲以及不怕困难的态度，让他们比较容易在事业上获得大的发展。倘若发挥过度，从自信演变成自我，甚至是固执，销售人也容易在冒进中损失惨重。腾飞时，他们比其他人飞得高、飞得快；摔起跤来，也比其他人摔得惨、摔得重。因此，任何特质都有利有弊，贵在有自知之明、张弛有度。

在当前物质极大丰富的时代，大量好商品和优质服务需要交付到消费者手中，因此销售人的发展空间非常广阔。同时，在以数据说话、看重目标与结果的职场氛围中，销售人即便个性张扬，也能够用实力为自己争得一席之地。然而，销售人精力再旺盛也只是一个人，即便能以一敌百也无法用一己之力超越一个系统。**因此，对销售人而言，自我成长中最需要学习和突破的恰恰是放下自我、学会合作。**一个懂得合作的销售人，好比进能攻、退能守的将帅之才，在一线能做业务，在幕后能做管理，没有不脱颖而出的道理。

基于这样的特质，销售人通常适合销售、市场、创业等竞争比较激烈的工作。不仅限于商业活动，在体育、科研、技艺等领域，销售人也能凭借对自己的狠劲儿练就高超的技艺，做出傲人的成绩。

如果从能量形态的角度描述，销售人的能量像喷发的火山，在喷发之前，已经在地下积蓄了很久的能量。在团结合作、兼容并蓄方面，销售人不及合作人；但在攻坚克难、目标达成方面，销售人当仁不让。

销售人容易遇到的三种发展困局

精力旺盛又善于销售，听起来销售人像是天生的职场高手。但其实，销售人也会陷入困境，也需要在不同阶段有侧重点地进行调整，才能更好地发挥特质优势、才尽其用，成为职场高手。销售人精力旺盛又喜欢新奇冒险的特质，使得他们在读书学习时不容易沉静专注。相较于当学霸，他们更享受"校园一哥（一姐）"的状态。偶尔被人挑衅，也会在学习上拼一把成为黑马，以此来证明自己不是不行，只是没当回事而已。

在这个阶段，如果有了解销售人特质的父母师长因势利导，通过委派课代表、竞技性学科比赛、名校优秀学生交换交流等方式激发他们争强好胜的心理。一旦具有销售人特质的孩子与同龄人展开竞争，他们是可以独立完成挑战的。求学阶段能够培养一些坚实的技能专长，养成专注的习惯，对销售人特质的孩子来说有百利而无一害。

进入职场后，做一线销售岗位的销售人能够快速崭露头角。他们不害怕被拒绝，反而会愈挫愈勇，咬定客户不松口，直至达成目标。非销售岗位的销售人则会发挥快攻快打的优势来完成工作任务，这在业务成熟、市场定位明确的公司里也非常有优势。值得留意的是，销售人要学会抑制短期攻坚的冲动，建立起长期耕耘的习惯，否则他们的职场成果容易变成"项羽打仗模式"——"项羽一攻城池就破，项羽一走城池就丢"的攻而不能占的局面。长此以往，无法创作出成体系的职场作品，会给销售人的职场发展带来困扰。

到了管理阶段，销售人容易遭遇"上马能打仗、下马不能安"的困局。这主要是因为他们追求务实，看得见直线结果，而对你来我往、进三步退一步的部门沟通与合作缺乏耐心。如果在个性上再不懂得收敛锋芒、以和为贵，就会形成部门内部下属认可追随，但部门之间、公司上层阻力重重的局面。

因此，在个人成长过程中，销售人需要特别注意取长补短。多向合作人学习换位思考，沟通中增加一些柔和的用语，人际交往中补充一些生活化场景，明白人与人交往中除了成交成事，还可以多些坦诚和温情。

精彩，不只创业一种方式

认识阿华（化名）是在 2018 年，四年的时间我见证了他从创业者变成有创业心的打工人，从不知道如何发挥优势特质的新手到年度业绩逾 500 万的保险业后起之秀。这期间，我们进行了多次交流，其中关键的两次正好对应着阿华阶段性成长的两个节点。尽管不同行业的销售人的具体发展策略因人而异，但阿华的故事还是能提供一些共性参考的。

阿华是一个颇有想法的年轻人，大学期间就活跃在各种创业赛场上，为知名快消品 500 强企业联合利华组建过校园团队，做过几场销售业绩可观的校园售卖活动。这些实操性强、富有挑战又能有结果反馈的经历让阿华萌生了创业的想法。于是，毕业后他就尝试创业，辗转做过大学生留学培训、劳务外包代理和外卖快餐等不同领域。

校园创业比赛是一回事，真刀真枪地创业又是另一回事。创业屡屡失败的阿华产生了自我怀疑，对未来感到迷茫。在女朋友的软磨硬泡下，阿华不情愿地参加了某大型保险公司的培训，可还是无法接受从创业到卖保险的转变，我们的第一次谈话就发生在这个时间点。

"为什么喜欢创业呢？你觉得什么东西是只有创业才能带给你的？"阿华思索了一会儿，回答说："我喜欢那种有一个目标，然后全力以赴去达成的感觉。创业就像打仗，投身其中让我觉得自己很强大。"

"有目标、全力以赴去达成、觉得自己很强大……如果不通过自己创业，还有别的方式可以获得这些东西吗？"阿华皱了皱眉头，他似乎知道有别的方式，但是不愿意承认，沉默了一会儿，他说："其实在做校园销售的时候我能感受到这种感觉，但是我无法完全按照自己的意愿做事，公司总有很多条条框框，你懂的。"

"如果能让你自己来定怎么销售，有发挥的空间，只看结果而不干涉过程，你觉得怎么样？""那当然好呀！"阿华声调提高了一度，兴趣也高昂了起来。随着谈话的深入，阿华逐渐意识到在有成熟产品、管理完善的情况下，他专注销售的结果是最好的。而他过去几次创业项目都是从零起步，产品、管理、客服、物流样样都要兼顾，反而发挥不出他的销售优势。

"一种是从 0 到 1 创办一家公司，一种是给你成熟的产品和一块新市场。满分 10 分，两种情形带给你的跃跃欲试感分别能打几分？"在看到阿华的决心开始动摇之后，我们追问了一个问题，尝试让谈话更加具象。

"第二种情况我更有感觉，产品成熟只需要开拓新市场，我能想到很多做法，直接就可以开始做。但是从 0 到 1 做公司，我自己做过，正式销售之前有太多事情要做了，很磨人。"

谈话进行到这里，其实阿华已经认识到他需要到一家有成熟产品和目标顾客明确的平台发挥自己的销售优势。于是，我们一起收集了保险行业的发展资料，分析了阿华的学历、能力和其他优势。当阿华看到移动互联网带来的保险新市场以及传统保险思维和互联网思维的差异后，他敏锐地嗅到了商机。目前的唯一顾虑就是自主发挥空间的问题，还没等我们提问，阿华自己就想到了方法："看来我需要在这次培训中拿到第一，而且是占据绝对优势的第一，才更有说服力去争取发挥空间。"

三个月后阿华发来消息，他已经完成了培训，是同批新人里的第二名。"第一名是学金融的，专业基础比我好。不过不要紧，我觉得真正去做销售的时候，我肯定能超过他。"从留言中我们能感受到阿华蓄势待发的心情，销售人接下来的进阶之路，阿华又是如何打怪升级的呢？

打仗靠勇，结寨靠谋

与阿华的第二次关键期交流是在他入行的 13 个月后，经过一年多时间拿着成熟产品在充分竞争的市场中的历练，阿华看起来沉稳了许多。销售人的自信气场依然强大，可贵的是还多了几分对事情敬畏的态度。阿华说过去一年自己平均每天见三位潜在客户，除了公司业务培训外，还开始自学高级理财规划师课程，业绩正稳步提升，保持在公司前五的水平。

"总体上，我还是挺满意的，只要想做事，公司就有很多指标可以做参照。但是也有点倦怠了，过了早期成交的新鲜期，有点提不起劲儿了。"很明显，阿华需要更大的挑战和成果来重燃动力，这也是销售人的特质表现，他们热衷于打仗，渴望挑战，渴望建功，渴望胜利。我们让阿华罗列了自己的客户清单，详细到投保额、年龄、职业、家庭收入以及客户来源。经过一番梳理，阿华认识到自己的客户来源过于分散、随机，超过一半的客户的年保额在五万元以下。

"客户中有多少是老客户介绍的？展业一年多来有多少客户退保？"阿华被这两个问题问住了，过去一年他一直忙于新增客户，享受成交带来的成就感，忽视了对成交客户的后续维护，转介绍客户不到10%，退保客户却有20%。这是销售人在进阶业务高手时容易出现的情况，他们喜欢打仗的感觉，却不太愿意做"挖沟筑堤"的事，用他们自己的话说就是"整那些事儿的功夫，都可以再谈几个新客户了"。

"到目前为止，你最大的一笔保单是花了多长时间成交的？""43万，16天。"阿华像汇报战绩一样脱口而出。"那如果是一场160天的仗，签下430万的单，对你来说挑战性够不够大？"顺着阿华的语言体系，我们抛出这个假设，看阿华有些犹豫，我们继续补充道："攻占 43 万的山头，16 天算得上快捷战了。相比之下，160 天就是长线作战。但如果是 430 万的话，相当于是大团战了。不仅是业绩数字上翻 10 倍的意义，更是能力的全方位的提升。"

阿华想了想也不是没有可能，全国队伍里还有签上亿元保单的，只不过多是从业 10 多年的前辈，自己作为后辈资历不够，只能好好谋划了。客源分析、产品选择都是后话，重要的是阿华准备好长期耕耘结寨了，这对销售人来说是一次心智和能力的双重升级。

经过那次谈话后，阿华不断思考这场"160 天的 430 万战役"。这对他来说是完全空白的领域，自己没做过就去看看别人是怎么做到的。阿华花了一个月时间拜访了公司在北京、上海、广州的业绩达人。在前辈们身上，阿华看到了差距，更加感受到了动力。因为他发现优秀的保险人不是卖保单的销售机器，而是客户的后方保障、紧密的朋友，甚至是事业上的贵人。

出差回来之后，阿华下定决心改变过去的游击战的做法，开始从长计议，酝酿打造有自己特色的"专属客户服务营地"。阿华扪心自问，自己除了保险知识、销售经验外，还能帮助客户解决什么问题？阿华意识到他的客户年龄不同、职业不同，要想额外提供标准的服务并不容易。而这种额外服务最好是自己也认同的，只有这样才能保证自己能长期投入，并且不计较物质回报。

阿华思来想去也想不出办法，就决定找客户聊聊。于是，阿华以上门给客户整理并建立电子保单的方式，逐一做了一次回访。交流完，阿华发现年轻客户的重心都在工作上，关注自己的职业发展，隔行如隔山，这方面阿华能做的很少。有家庭的客户多数也把精力放在事业上，但是担忧孩子的教育，因为抽不出时间陪孩子，聊到这里，阿华慢慢有了想法。

之前阿华在做大学生留学培训时，接触过大量的学生。他读书时就挺爱折腾，很熟悉青少年渴望自由、同伴、新鲜感和父母希望稳定、安全之间的分歧。借助之前做留学培训的资源，阿华联系了一些在国外留学的学生，打听国外有没有什么社会项目有助于青少年的身心成长。结果发现有社区服务、志愿者活动、职业日、国际义工、各种大赛等形式，可以支持青少年走进社会、增长见识、广交朋友，从而帮助青少年健康积极地生活。

受此启发，阿华把目光聚焦到了国际交流和慈善公益的结合领域。在旅行社朋友的帮助下，阿华组织了第一次海外游学活动，带了三组家庭的孩子到新西兰参与野生动物保护活动。为了让孩子深入当地的生活，阿华特意联系了新西兰的华人家庭和本地家庭，还和孩子们去了奥克兰大学、奥克兰理工大学等知名高校参观。野生动物保护活动结束后，还非常有仪式感地给孩子们颁发了"环境爱护"证书。活动照片发到朋友圈后，家长们纷纷转发，不少家庭慕名前来询问阿华下一期活动的时间，也想给自己的孩子报名。

首次尝试成功后，阿华非常兴奋。他坚持用公益的方式做这件事，除了出行成本外，不收取额外费用，就像远房亲戚带孩子们出去玩一样，纯粹而简单。游学之后，阿华明显感觉到跟客户家庭的联系更紧密了，他分享道："没想到过去做留学培训的经验以这种方式派上用场了，也兼顾了自己每年想出国旅行的想法，跟孩子们在一起感觉自己年轻了许多。"

如果说保险是工作，那么通过保险联结一个个家庭，为家庭带去轻松和欢乐，就是阿华为工作赋予的意义。"保险是底线保障，有了保障是为了体验生活，创造美好"，阿华用实际行动诠释了他的从业理念，转介绍客户慢慢多了起来。农历新年一过，阿华就签下了一笔 380 万元的企业保单。"虽然不是 430 万，但是意义已经到位了。"阿华发来消息，还带了一个龇牙笑的表情。

销售人的发展策略：离钱最近，谦字在心

销售人一身的干劲儿需要有舞台释放，加上个性中自带自信，稍不留神就会从自信发展成自负。因此，销售人的发展策略需要留意八个字：**离钱最近、谦字在心。**

"离钱最近"指的是销售人要尽可能到市场需求较为成熟的行业中去发展，并且尽可能选择产品质量有保障、有竞争力的公司。这样才能在销售人年富力强的时候发挥出能量，取得里程碑式的成绩。前文介绍的小鱼儿和阿华，他们亮眼成绩的背后离不开市场和产品的助力。

不管是白酒还是保险，都是市场成熟、用户需求明确的行业，也就意味着竞争路径相对清晰，非常适合销售人认准就干、不达目的誓不罢休的特质；相反，如果还在新兴行业发展的早期，又或者

是产品价值尚未得到市场验证的行业，销售人想冲又没市场，冲了产品又跟不上，容易浪费大好青春和宝贵精力。

鉴于此，我们总结了第二条策略——"谦字在心"。销售人要冲到离钱最近的行业、公司和业务一线。与此同时，销售人也要认识到自己的业绩不只是自己一个人的功劳，而是站在了市场高点和公司依托之上得来的。不少销售人在发展初期有了一些成绩后，心态容易飘起来，盲目认为自己可以去任何行业、卖任何产品。很多不明智的选择往往就是在这个时候做出来的。

格力电器董事长董明珠在 20 世纪 90 年代初期曾创造出三年卖出千万的业绩，占公司销售额的 1/6。在当时格力销售员个个被业绩蒙蔽，认为自己到哪里都能做得很好，准备集体辞职跳槽的时候，她反而清醒地意识到："是天气、环境造就了一片繁荣……"她没有跟风同那些自我膨胀的业务员一起跳槽，而是坚定地选择继续留在格力，临危受命担任经营部部长，从业务一线开始涉足经营管理，最终成就了格力，也成就了董明珠自己。

"谦字在心"也是要时刻提醒销售人尊重客观规律和人的差异，学会一层层不断放下主观自我，从"打硬仗、结硬寨"的任务能手成长为能应对复杂局面、适应环境变化的高级管理人才。

流程人

> 流程是无私的选项。你运用流程不是为了任何个人的利益，而是因为在真相中你不是一个人物。你是无我的，在经历一个人类的、个人的、自私的体验。
>
> ——克里斯多福·孟，《重新发现自我》

从 10 到 1000，在流程中要求效率的流程人

在"人–货–场"中承担责任、守护规则、理性沉着、提高效率、以身作则影响身边人做得更好的人，就叫流程人。他们通常具备这样的特质：守时守信，非常看重道德和规则；事业心强，不断追求进步；维护集体利益，常常以大局为先，愿意为了集体牺牲自己的权益；对秩序很敏感，擅长将事物标准化，以便提高工作效率；对自我要求高，不断给自己提出高标准并且严格执行，在给他人带来正面影响的同时也容易带来压力。他们在人群中不喜欢高谈阔论，却能通过稳重理性的态度给人留下深刻的印象。

流程人希望一切井然有序，他们的理想世界像一个巨大的齿轮系统，其中大大小小的齿轮都在合适的位置上，一环扣一环地运转着，为庞大的系统提供稳定性和效率。

乍听起来，流程人似乎挺无趣的，没有传播人的天马行空、奇思妙想；没有销售人的激情洋溢、斗志昂扬；没有产品人的深邃思

想、独特创造；也没有合作人的人情练达、精彩社交。但是，如果没有流程人的井然有序与流程设计，世界 500 强企业的规模恐怕会大幅缩小，复杂系统的运行速度将大大减缓，受益于规模化生产的价廉物美的商品也不会如此普及。因此，流程人的价值是不容忽视的，他们是支撑丰富多元社会的基石，是组织创新变革的基础。

在流程人的个人生活中，他们也会保持相对规律的生活习惯，固定的日程安排、饮食清单让他们感到安心。在组织中，他们的注意力也常常被组织的效率所吸引。从 0 到 1 的创新不是他们的强项，但是从 10 到 1000 的规模化复制则是他们的"特异功能"。

对更合理的流程、更高效的秩序的追求，使得流程人注重事情而非人。他们期待 1+1=2，却忽略了 1 个人加 1 个人不一定等于两个人，也许还会平添混乱。如何在关注事情发展的同时关注到人的变量，是流程人成长过程中非常重要的一课。

由于对自我要求高、尊重权威又适应规则环境，流程人在学校、家庭、社会环境中是比较能融入的，也非常容易获得晋升。而在变化越来越快、组织形式越来越趋于扁平化的现代社会，流程人面临的挑战也是很明显的。他们需要更好地理解自己的特质，并学会在事的秩序和人的变化中找到平衡点，才能更好地发挥特质、做出结果。

基于这样的特质，流程人通常适合策略规划、行政管理、法律事务等需要逻辑性、注重规划和秩序的工作。不仅限于政商活动，在文化、学术、技艺等领域，流程人也能用较高的规划能力和高标准的自我要求做出令人称赞的成绩。

如果从能量形态的角度描述，那么流程人的能量像参天大树的树根，绵密繁复中自有规则，越是复杂困难的目标，越能体现出他们日拱一卒的坚持。他们不断地从日常琐事中汲取营养，在看不见的地方下功夫，支撑起参天大树般的瞩目成果。在破圈引人注目方面，流程人不及传播人；在单点领域深入研究方面，流程人不如产品人；而如果要在沙漠中一点一点培育出绿洲，流程人才是最佳的选择。

流程人容易遇到的三种发展困局

流程人容易适应规则，做事条理性强，能较好地完成交办的基础工作，在职场早期是比较有优势的。随着社会现代化进程的加快，一条业务线做一辈子的时代已经过去了。一方面，大型企业越来越大，流程链条更长、智能化系统承接了大量简易流程；另一方面，小微企业越来越灵活，远程办公成为常态。这些都是流程人需要适应的新局面。

流程人的第一种发展困局是只有"做事思维"，缺乏"做业务思维"。流程人去做房产销售，他会按照公司规定把每个环节都走到——回答意向客户的疑问、按照公司规定给潜在客户打三次电话、邀请客户参观、带领客户看房。从流程来看，他们的工作几乎没有错漏。去做社群运营，他们会按照节点准时执行运营动作，不断优化标准作业流程，在复制运营方面稳定性极佳。

然而，流程设计是服务于业务的，为了让业务更好地达成，流程是可以删减、修改、调整的。有时候为了达成业务目标，我们还需要另辟蹊径。未经训练的流程人不了解这样的思维，以至于他们在工作中容易成为做事兢兢业业、业绩普普通通的那一类员工，职场晋升方面不容易有大的突破。

流程人的第二种发展困局是眼里只有"事"，容易忽略事背后的"人"。在流程人眼中，工作就是从第一步执行到最后一步，较少考量过程中涉及的人和每个人的不同风格。因此，在职场会看到这样的现象：流程人在面对某些领导、客户、同事的时候工作开展得如鱼得水，而在换了部门、领导或者同事后，做同样的工作，工作效益却不如以前。这样的特质会限制流程人的晋升和选择面。

因此，流程人在个人成长过程中不能一直专注于事的学习，还要重视关于人的学习。在这方面，合作人是非常好的学习对象，流程人可以多观察和请教身边的合作人，看看他们是如何看待工作开展的。当流程人学会在做事的过程中考量到人的因素，能根据不同人的互动方式把工作从第一步推进到最后一步时，这样的流程人会有更广阔的发展空间。

流程人的第三种发展困局是对创新事物的混乱忍耐度低，容易错过创新事物的早期发展机遇。我们知道创新事物在早期的机会浓度高、红利势能大，增长往往是非线性的。在这个阶段，混乱、失序和没有标准是常态，而这种状态恰恰是让流程人感到不舒服的。他们习惯于把工作从第一步拆解到最后一步，而在新事物发展早期没人知道下一步是什么，这会让流程人感到无所适从。

这也是在个人创业明星中很少看到流程型人才的原因。他们要么加入有创新基因的团队，跟对人熬出来；要么是在组织发展稳定的时候，通过流程化、规模化、复制化把 10 分的项目做到 1000 分来体现自己的价值。了解个人特质的流程人可以帮助自己分辨组织阶段，有意识地调试自己来适应组织的不同发展阶段。能够这样做的流程人，会比只懂一门招式、只会一种工作方法的流程人有更多的选择面。三五年也许看不出差距，10 年、20 年之后两者的人生境界会大有不同。

做事讲效率，做业务讲效果

"我们学校在合肥算中等，找工作不容易，为了毕业的时候能多一些经验，身边很多同学从大三就开始实习了。我也不敢放松，从大二开始就有意识地找实习工作。"肖佳（化名）回忆自己初入职场的过程，在兼职做过肯德基服务员、便利店店员后，肖佳进入一家广告公司做文员。肖佳大学学的是平面设计，一开始想在广告公司做设计。"我在学校里设计作品就是硬着头皮做，别的同学两三个晚上做的图，我要花一个礼拜。进入公司后，我加班加点也做不出让老板满意的图，还差点被辞退。后来我才知道老板看我工作特别认真，从来没有迟到过，虽然做设计的水平不行，但是态度很端正，就把我调到行政部门了。"说起自己当初的窘态，肖佳不好意思地笑着低下了头。

小公司的行政部门多数身兼人事与财务。换岗到行政部门后，肖佳每天的工作就是被各种表格、档案、票据轰炸着。换作'传播人或者销售人，这样的工作他们可能坚持不了几天。但是肖佳是非常典型的流程人，她在责任心和自尊心的驱使下，憋着一股劲儿，决心一定要把工作做好，对得起老板对自己的信任。"白天的工作经常被各个部门的报发票、打电话、请假等事情打断，好些工作都积压了下来。看着桌上的各种材料、发票和电脑里乱七八糟的文档，我会觉得心里也乱糟糟的。因此，我每天都会加班，把所有事情理顺以后才能安心下班。"

在需要秩序和规则的岗位上，肖佳的优势得到了发挥，很快她就能独立完成行政部门的工作了。工作上手之后，肖佳开始思考怎么让工作效率提高，她注意到每个月的财务统计都非常费劲，业务部门的同事经常在想起来的时候才临时报账，填写的表格也一人一个样，她经常要花很多时间来汇总和校对。为了提高效率，肖佳做了一个"大胆的行动"，她利用下班后的时间，花了整整两个月的时间把公司过去的所有账目理清并制成电子文档，然后统一了报账文件的格式和节点流程，在征得老板同意后，开始在全公司推行。这件事让老板眼前一亮，肖佳也收获了职场自信，她说："在同事眼里，加班两个月蹲在公司整理财务很辛苦，但是整理完所有材料归档保存的那一刻，我感觉特别过瘾，那种一切理顺的感觉让我变得特别放松。"

"自助者天助也"，肖佳的兢兢业业为她争取到了机会。那几年房地产行业正发展得如火如荼，公司的业务每年都在增长。随着项目规模逐渐增大，业务流程也变得复杂起来。相应地，纰漏也多了。在几次失误造成客户投诉后，老板决心要建立一套标准的业务流程。在这之前，销售签下客户后会把需求对接给设计部门。不同的销售对接的需求都不一样，遇到设计量大的时候，销售和设计经常吵架。如果赶上销售、设计离职，很多工作又得重复做，非常低效。

"公司流程不规范，就消化不了大项目，做不了大项目，就没有案例打开大客户市场。"有了项目经验的肖佳，分析起当时的局面头头是道。那段时间肖佳跟老板和销售经理经常跑客户公司，参加项目会议，也正是这段经历让肖佳对流程有了全新的理解，"本来以为商量好了，结果东西做出来客户又改来改去。客户是上帝，改就改吧，这是做事逻辑。但是有时候客户改也是因为不确定什么是好的，担心做出错误的决定。如果从帮助客户做出好的选择这个角度来思考，就不能一味地听话照改，而是要能提供改或者不改、怎么改的实际依据。因此，后来我们的流程就不断地朝着这个方向努力，不是更快地完成设计，而是从流程上想办法帮助客户选择能服务于业务的设计方案。"

"'设计方案要能服务到客户的业务'这一思维转变特别重要。因为这条原则，老板和项目经理与客户公司沟通了很多次，总结出一些新的流程办法。例如，销售提交需求前必须参加一次客户公司的业务会议，要给客户看至少三个同类设计作品，并且收集客户的点评意见。这些看起来与设计工作本身无关的流程后来都成了标准流程。公司内部又规范了文档管理、工作交接、客户服务流程，一前一后衔接起来，公司的面貌就开始不一样了。一开始，大家很不适应，觉得非常拘束。后来大家发现客户满意度上去了，交付的作品质量也好了，工作对接起来轻松了，看到好处了，大家也就逐渐接受了。"

肖佳是幸运的，初入职场就能遇到会识人用人的老板，让她在工作中亲身体会到了自己善于通过规范和流程提高做事效率的特质。更难得的是，她有机会看到了"简单流程"的局限性，在做事讲效率的基础上，流程为业务服务的结果力思维成为肖佳日后进阶成长的宝贵认知财富。

小池塘里钓不到"鲸鱼"

流程人的本质是提高产品服务价值到消费受众之间的交付效率，包括为此而进行的组织内部活动的效率。市场需求越明确、组织规模越大，越能支撑流程人的长期发展，比如一些大公司就有专门关注交付效率的岗位——交付经理。反之，如果市场需求模糊、组织规模小，需要依赖前后端才能完成价值变现的流程人就会显得很被动。这种情况下，流程效率工作往往会叠加给产品人、传播人、销售人来消化。合作人其实也会面临这样的尴尬局面，因此对流程人和合作人来说，尽可能选择市场体量大、交易频率高、需求明确的行业是很有必要的。

肖佳显然意识到了这一点，趁着休产假的时间，她开始思考 30 岁后的职业发展。在广告公司工作了六年，她从文员晋升到行政部负责人，见证了公司从一个城市拓展到四个城市，锻炼出了扎实的细节执行能力和项目协调能力。然而，随着地产行业的降温和个人身份的转变，肖佳想要做一些改变。

在广告公司服务客户的时候，她认识到了市场需求分析的重要性。于是，她开始留意和搜集未来 20 年的市场需求风向。其中，养老产业吸引了肖佳的注意力。以 2015 年为例，欧洲养老产业占 GDP 的比重约为 28.5%，美国为 22.3%，中国只有 7%。预计到 2030 年，中国的养老产业规模将达到 22.3 万亿元。22.3 万亿意味着什么呢？相当于 220 个宠物食品市场规模、22.2 个在线旅游市场规模和 5.5 个餐饮市场规模。

"这么大的市场，一定有很多需要提高效率的工作场景。"顺着这个思路，肖佳继续探索。她发现中国人的养老观念很难实现机构化集中服务，大量家庭和老人还是倾向于居家养老，这会形成非常多零散的 ToC 业务。这些给老人提供养老服务的各种机构需要关注服务效率、降低错漏风险。因此，肖佳开始搜集为养老服务机构提供高效解决方案的公司。果然，她发现有一些公司在从不同角度切入，有的在做护工管理系统，有的在做老人穿戴设备，有的在做养老机构 SaaS 系统。

"养老机构如果做成劳动密集型就没意思了，未来一定会需要IT产品来帮助养老机构提高服务效率和进行科学管理。"随着了解的深入，肖佳找到了自己的用武之地。"给养老机构梳理业务流程提供高效解决方案，我没有做过。但是我参与过如何为地产公司项目梳理需求，有门店管理的相关经验。难点在于我没有互联网相关岗位的技能。"当有了大致方向，也看到了短板后，肖佳开始寻找自己的切入点。

她发现自己对细节感知敏锐，能把事情进行流程化表达，能撰写条理清晰的文档，还有不错的沟通能力，适合往产品经理的方向发展。"产品经理相关的网络课程挺多的，利用下班后的时间学习，再积累一些养老市场的人群资源，三年之后寻找机会转型切入问题应该不大。毕竟，距离国内养老市场大规模快速发展还需要几年的时间。"肖佳的这番见解和规划充分体现出流程人的务实精神和执行力，在我们收集这段采访的时候，她已经报名开始了产品经理网络课程的学习。从广告行业的行政文职切换到养老行业ToB的产品经理，转换虽大，特质发挥却是延续的。再加上肖佳本人具有强烈的转型意愿，事在人为，剩下的就是时间问题。

通过肖佳的故事，希望读者能进一步理解流程人的特质。尽管效率无处不在，但效率价值无法单独存在。效率价值必须通过具体问题的解决来体现。因此，具备某个领域的专业知识和具体技术是体现流程人价值的关键所在。相较于产品人对某个领域的规律的总结性研究，流程人的专业知识和技术体现侧重于应用层面。就好比量子理论的科学家可以只待在实验室里，但是利用量子技术提高通信效率的工程师却需要走出实验室，走进实际场景。

流程人的发展策略：找对支点，拉长杠杆

务实谨慎、思维清晰、富有责任感和进取心的流程人从事任何行业与岗位都不会太差，他们对于规则的尊重和组织的适应颇能为他们赢得"靠谱放心"的职场口碑。有阳光的地方就有阴影，流程人的局限性也是非常明显的。倘若没有找到对的支点，没有足够长的杠杆，他们的交付效率价值容易被低估，个人成长就会进入低价值的平滞状态。

在创业传奇中，腾讯的创业史可谓"找对支点，拉长杠杆"的最佳案例。众所周知，QQ 的出现并不是腾讯创办之初的想法。1998 年腾讯创始人马化腾的创业想法是把刚刚兴起的互联网与当时人人都在用的寻呼机（俗称"BB 机"）联系在一起，开发一款软件系统，卖给全国各地的寻呼台。他们工作得相当勤奋，为了谈下河北电信的订单，在炎热的夏季前后四次跑到石家庄；为了开拓业务，给上千家企业一一手写业务信函；为了争取客户，甚至做过免费开发。然而，在日渐衰落的市场，再有效率的交付价值也显得苍白。

就在寻呼机软件系统处处碰壁的时候，马化腾在广州电信的信息港上发现了中文即时通信工具的招标信息。即便中标机会渺茫，马化腾和张志东（腾讯另一位创始人）闭关数日写了一份竞标书，

给这款想象中的产品命名为 OICQ，也就是后来的 QQ。不出意外，竞标失败了。一边是赚钱难的寻呼机软件系统业务，一边是完全看不到赚钱希望的 OICQ，马化腾说服团队分出一部分精力把 OICQ 开发出来，先低成本地养了起来。

马化腾和团队的开发效率在 OICQ 上得到了充分发挥。当时市面上还有一款类似的产品叫 PCICQ，但是由于马化腾团队开发的 OICQ 下载速度更快，性能更稳定，很多用户就从 PCICQ 上迁移过来。OICQ 也没有让用户失望，上线第一周就连续完成了三次迭代，平均每两天发布一个，迭代速度让用户感到惊艳。腾讯在技术开发上的"小步快跑、试错迭代"的传统也就是从这时开始的。随后，OICQ 的用户量开始暴增，有一段时间差不多每三个月就增长四倍。

随着 OICQ 的飞速增长，成本开始陡增，马化腾和团队一边保持着高效率的迭代开发，一边开始不断找钱来喂养这只"滴滴"乱叫的吞金兽，寻呼机软件系统业务也就慢慢退出了核心业务。OICQ 在 2000 年正式更名为 QQ，后面的故事大家都熟悉了，腾讯借助海量用户横扫游戏、邮箱、社交、支付等领域。

从寻呼机到即时通信，马化腾带领团队找到了对的支点，借助互联网这根足够长的"杠杆"延伸出了社交、游戏、支付、办公等产品，缔造了一代互联网创业传奇。马化腾自称"不喜欢冒险"，早期工作动力来自不想让投资人亏钱的责任感，对待产品开发追求"傻瓜式简单"，这些无不体现出他务实谨慎、思维清晰、富有责任感和进取心的流程人特质。他的经历给流程人提供了很好的示范，当然也是高配的示范：找对渴求效率价值的行业支点，掌握能拉长用户服务周期的技能杠杆，避免在小池塘里勤奋地钓"鲸鱼"。能做到这三点的流程人，成长很难有上限。

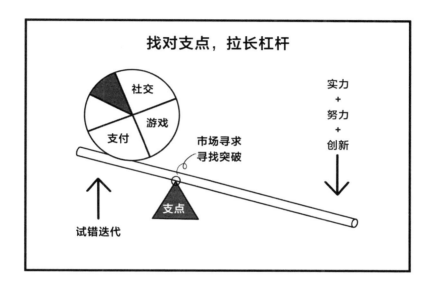

第 5 章

个人成长的助推器——适配性思维

我们已经介绍了影响个人成长的三部分内容，分别是个人结果达成力、个人职业成长阶段、个人职业发展特质。本章，我们将重点论述本书反复强调的适配性思维。

构建适配的知识底层逻辑

> 最低级的知识是彼此没有联系的知识，科学是有部分联系的知识，哲学则是完全相联系的知识。
>
> ——威尔·杜兰特，《哲学的故事》

《纽约时报》的科学记者理查德·阿莱恩（Richard Allain）曾发表过一篇跟踪调查报告称：信息时代的人们每天接收的信息量相当于 174 份报纸。然而在信息触手可达的今天，人们反而为学习花费大量的金钱。艾瑞咨询的数据显示，2020 年中国在线终身教育市场规模达 668 亿元。这意味着 2 亿职场白领平均每人要花 334 元用于学习。而在现实中，每年花费成千上万元报名各种课程学习的职场人不在少数。

一方面是信息爆炸，我们想知道什么用手机搜索一下就知道；一方面又是终身教育市场近千亿的市场规模。这表明从表面上看信息确实是多了，但真正能给职场人带来改变的知识仍然需要花费精力去获得，甚至因为无效的、碎片化的、虚假的信息混杂，要想获得真知灼见反而变得更加困难。

在职业咨询实务中，这种表现尤为明显，近八成的职场人表示"因为不知道如何学习新领域的知识，转型失败或者迟迟无法转型"。空有学历却没有学习能力的情况已成为现代职场人的一大痛处。考虑到在职业生命周期中，职场人至少会经历三次职业转换，那么从零开始学习新领域的能力就成了必备技能，我们将这种能力称作"构建知识体系的能力"。

知识体系，顾名思义就是在某个领域中，能结成点、连成线、织成网的知识脉络。 要想把零散的知识结点、连线、织网，意味着你要把这些知识反复琢磨好几遍，在实践中反复验证，能解决问题的保留、不能解决问题的舍弃，将遇到新情况还能解决问题的知识总结成经验，失效的知识回炉重造，查看缘由后再做判断……如此循环往复，将这些知识打碎了重组、重组了又打碎，再经由个人的领悟和一些美感、艺术、智慧的穿针引线，才能成为知识体系，成为一个人安身立命的一技之长。

这样的过程枯燥烦琐、耗时耗力，又没有"21 天学会 ×××，轻轻松松月入 5 万"的花哨噱头，很多人不了解也不重视，一边继续报班囤课，一边沉浸在努力的自我感动中，一边疑惑着为什么努力没有成效。我们非常有必要在学习各种课程之前掌握有效学习的方法，知道如何学才能学出效果、学出价值，以学习的"第一性原理"为基石，练就武功秘籍心法，一通百通，成为能学、会学的"武林高手"。

构建知识体系的第一步是要深刻理解知识体系的内涵。上文提到知识体系是指能结成点、连成线、织成网的知识脉络。具体怎么理解呢？例如，你看到天气预报说未来一周你所在的城市会有持续的强降雨，这对你来说是一条信息。接收到这条信息后，你开始对信息进行分析评估。基于你对当地地形气候的了解，再结合一定的气象知识，你判断"未来一周强降雨"这条信息极有可能是真的，而且你知道为什么会发生。这个过程就是把信息知识化的过程。

假如你是一家超市的经理，面对大概率发生的持续强降雨情况，你预判会对超市物流、人流、仓储造成影响。于是你从物流供应链、市场宣传、仓储安排等方面着手，提前规划部署，以应对强降雨对超市经营的影响，争取获得营收稳定的同时变"危"为"机"，把糟糕的天气转换为清理库存的机会，这就是调用知识体系来解决实际问题的过程。

通过这个例子我们可以看到，每天大量充斥在我们工作生活中的多数是零散的信息而非知识，更谈不上知识体系。从信息到知识，需要经过分析与验证；从知识到知识体系，需要经由解决实际问题的检验。因此，停留于看书、听课、收藏干货帖的做法是无法构建知识体系的，最终往往都成了无效努力。换言之，知识体系的构建是建立在解决问题层面的。普通学习者和学习高手的区别在于前者是为了学习而学习，后者是为了解决问题而学习。

我们在咨询案例自测、工作坊的群测和公司的内部测试中，发现很多拿到结果的优秀伙伴在"个人结果达成力"自测和他评中各项能力不一定非常突出。于是我们对比了很多测试伙伴的数据，发现个人结果达成力的优劣势与所处的职业发展阶段、职业发展特质息息相关。

我们将结合其他案例，对照不同阶段和不同类型的职业发展状况，帮助读者判断自己到底适合在哪些个人结果达成力上下功夫，从而锻造出相应的结果达成力。

因时而异和因人而异

> 知识在书本之中，运用知识的智慧却在书本之外。
>
> ——培根，《论读书》

当学生准备好时，老师就出现了

至此，我们已经论述了迷茫的内在原因（渴望成长）和外在环境的影响（技术加快了时代变化），提出了个人在感到迷茫想要取得突破性成长时要因时而异（看阶段），也要因人而异（看特质），即根据个人成长周期模型采取行动。我们分别介绍了个人成长周期模型中的阶段和特质要素，希望读者能通过模型建立起"迷宫之上"的视角，帮助自己做出阶段适配和特质适配的规划或选择，下面我们来看一个具体案例。

高玥（化名）毕业于北京一所"211"重点高校，学的是法学专业，毕业后跟多数同学一样进入律所工作。不到一年，高玥就发现自己不适合从事法律行业，相较于解决别人的矛盾纠纷，她更希望自己能做一些有益于他人成长和智识进步的事情。有了这个想法后，高玥开始留意身边的机会。周末不加班的时候，她就参加各类学习活动，一来是吸收一些非法律领域的新知识，二来是想看看除了人民教师以外，还有哪些工作是"有益于他人成长和智识进步的"。

当学生准备好时，老师就出现了。在某场互联网职场经验分享会上，一位来自知名互联网教育公司的同事分享了她作为"课程导演"的职场经验。高玥第一次听说课程导演这种职业，了解后发现课程导演与课程设计类似，主要是通过收集、分析学员问题，为老师研发课程提供依据，并在课程交付过程中保证学员学习效果的工作。课程导演较之课程设计更强调统筹和资源整合，不同公司会有不同的岗位职责要求。

高玥非常兴奋，活动结束后就忍不住找到分享者询问是否还有课程导演岗位空缺。在得到遗憾的回复后，高玥略微有点失落。不过，她还是诚恳地添加了分享者的联系方式。随后几天，高玥购买了分享者所在公司的课程开始学习，并且不断研究公司网站。她写了一篇上万字的课程笔记，并附上自己针对其他课程话题收集的资料，打包发给了那位课程导演。"贵公司目前没有空缺岗位也没关系，我可以用空闲时间做志愿者，像是课程调研资料收集的事情，您可以交给我，我一定能为您节约宝贵的时间。"高玥的这番自荐诚意满满，令对方印象深刻。

几周后，课程导演联系到高玥，问她是否有兴趣参加一次课程内测，做他们新课程的观察员，高玥随即答应了。经过这次内测，高玥更加确信自己的志向不是成为一名律师。于是，她盘点了一下自己的积蓄，然后向律所提出离职。办理完交接手续后，高玥把更多时间投入到课程导演的内测项目上。"他们说我是他们见过的最投入的志愿者，他们不知道我已经辞职，全职在做这件事，当然看起来很投入啦。"高玥对自己认定的事情总是舍得投入。

进入无人领航区时，结果达成力藏在迷茫之中

为期三个月的内测结束了，这个过程让高玥更加深入地了解了课程研发、竞品调研、数据分析、用户预期和交付设计。尽管这家公司因为架构原因依然没有开放新的岗位，但是高玥用这份经历给自己背书，拿到了另一家职场课程平台公司的课程产品经理岗位。之后三年，高玥经历了一段高速成长，也是高负荷运转的阶段。她从协助研发到主导设计研发了 20 多套课程，其中有三款成为同品类课程中的畅销爆款。高玥显然已经从职场新手成长为有职业作品的合格职场人，也正是在这个时候她感受到了新一轮的迷茫。

"平均每两个月就要研发上线一套课程，印象中就没有在晚上10 点前回过家。如果不是因为每一门课程研发都是一个新领域的学习，满足了我的求知欲，我可能坚持不了这么久，"高玥回忆说，"后来有一次感冒连带着颈椎痛，我整整病了两个多月，医生说过度疲劳造成免疫力低下，普通感冒都要恢复很久。想着再这样下去

身体会出大问题，思索了一段时间我向公司提出了辞职，给自己放放假，想想接下来的路。"

回想起当初自己零薪酬都要做"有益于他人成长和智识进步"的工作，如今却连猎头推荐的高薪职位一眼都不想看，高玥陷入了自我怀疑。她开始质疑自己是不是追求了一个"假志向"，或者说人生根本就没有志向一说，一切只是随机发生后的意义解释而已。高玥承认那段时间自己的状态很差，想法也比较消极。

"自我放逐"了一段时间后，高玥强打起精神开始重新找工作，可总是在敲定的最后一刻临阵退缩。"你在害怕什么？担心什么经历会重复吗？"高玥顿了顿，在回答前轻轻地不易察觉地先叹了一口气："感觉很累，一个课程接一个课程，一批用户接一批用户。每一次都要从零开始，课程的生命周期越来越短，有时候连我自己都在怀疑，我做的事情是不是在割韭菜？"

"你觉得你过去研发的那些课程一点价值也没有吗？"我们进一步探寻道，"也不是，很多课程还是有帮助的。我经常收到学员的感谢，课程的口碑还挺好的。主要是觉得……嗯……会学习的人学什么都能学好，课程只是在某种程度上节约了他们学习的时间，因为课程把很多信息、经验浓缩了。但对那些学习能力一般的用户来说，这些又有多少帮助呢？"

"那么在你心目中，有益于他人成长和智识进步的理想的事情是怎样的呢？"高玥思索了一会儿说："我觉得应该是更有规律一点的，或者是某种工具，不管是对擅长学习的还是不擅长学习的人，都能帮助他们提高学习的效果，有点像……像自动挡汽车。"

"对！就是这种感觉。你看手脚协调能力强的人，能很快学会开手动挡汽车。而那些手脚协调能力差的人学手动挡汽车就很吃力，还会觉得太难就不学开车了。但是有了自动挡汽车以后，驾驶难度大大降低了，就有更多的人愿意开车、能够开好车了。发明汽车是划时代的事情，但是真正划时代的事是让汽车便宜到家家户户都用得起。个人成长为什么不可以呢？如果想要降低学习成长的难度，是不是也可以尝试发明帮助智识成长的'自动挡'解决方案呢？"

高玥越说越兴奋，原本黯淡的眼神开始发光。"知道了，知道了，我是想在智识进步这件事上找到能够标准化的方法，这个方法可以赋能给不同领域的学习。我们不再需要一个课程一个课程地去交付。"说到这里，高玥意识到自己并不是追求了一个"假志向"，而是需要"升级志向"。过去三年的课程研发经验让她发现了这个领域的边界，当身处边界外的无人领航区时，没有当初分享者的"过来人"经验，感到迷茫是何等正常的事。

个人成长周期模型：顺应规律与自然成长

交流到这个阶段，我们感觉是时候跟高玥分享个人成长周期模型了。理想情况下，学生在中学阶段不把分数看作重点，而是将"学习"这件事看作能力实训项目，通过不同科目的学习、考试、反思总结、调整学习方法、再次考试验证学习方法是否有效的过程来实现。若文科、理科、工科、艺术、体育都能用这种思维方法验证通过，学生就能体会到不同学科的学习方法的差异，从而习得多元的、灵活的、实事求是的反思能力和自主学习能力。这才是基础教育的要义所在，是关于学习方法的学习，而绝非关于分数的竞赛。

一个人有了扎实的反思和自主学习能力，意味着他不管进入何种领域都能达到合格的水平。要想进阶到高手状态，就需要浓厚兴趣的支撑，因此大学的要义是立志，即确立将反思和自主学习能力终生投入哪种学科领域。大学的学习便不再一味关注成绩，而是要充分利用图书馆资源广泛且大量地阅读，跟不同专业的同学老师讨论交流，根据兴趣而非实用性旁听各类课程，适度参与校园和社会实践，以此来感知哪一类思考议题或者活动能让自己忘记时间，进入心流状态，从而逐步总结出人生志向的大致脉络。能够如此度过大学四年的年轻人，带着算不上精准但足够引领行动的人生志向进入职场，会比浑浑噩噩进入职场的年轻人整整提前一个阶段，未来也将走得更从容、更稳健。

遗憾的是，现实中大量年轻人在中学阶段没有培养出反思和自主学习能力，在大学阶段没有探索出相对明确的人生志向，就被扔进"职场海洋"，一面扑腾着适应职场，一面要忍受方向模糊的无力感。相当于要同时兼顾自主的学习者和合格的职场人两个阶段，更别提情感或家庭的角色要求，压力和难度之大可想而知，迷茫几

乎是不可避免的。正因如此，我们才写了这样一本书，真诚地希望
能够让尽可能多的年轻人、教育工作者、父母师长知悉这种局面，
转变过去舍本逐末的分数思维、热门专业思维、高薪岗位思维，能
够从个人成长周期模型的视角，帮助年轻人实现更整合、更顺应规
律的成长。

继续来看个人成长周期模型，进入职场后学习的重点再次发生
变化。相较于前面阶段的反思和自主学习能力，这个阶段更看重结
果达成力，也就是把想法变成积极结果的能力。在高玥的身上，我
们看到了示范。她从想转型做课程研发到成功做出市场价值被认可
的爆款课程，就是一次次从想法到现实的实践。高玥在成人职场课
程研发领域有了三年的经验，在打造出职业作品的同时也感受到了
这个领域的局限性和值得改良的地方，此时的迷茫恰恰也是进入新
阶段的信号。

从成熟行业逻辑的实践者到拓宽行业逻辑的前行者，高玥进入
挑战业务高手的阶段。这个阶段的标志是树立行业标杆，也就是说
如果高玥真的探索出了成人学习的"自动挡"解决方案，那么她在
这个领域就算做出了行业标杆，成长为出色的业务高手。富有挑战
性的是，这个阶段的学习重点难度几乎是呈指数级增长的。为何？
因为它讲究的是团队协作能力。换句话说，要想做出行业标杆，高
玥无法独自完成，必须通过团队来实现。过去几个阶段的进阶主要
聚焦于做事，而在业务高手阶段，人的学问成了重点，而且是非标
准的、难以量化的，总是处在变化之中的。

如果只是阶段性的变化还好，而且还只涉及一个变量。然而，成长是复杂的，已知的就还有个人特质变量。产品人、销售人、传播人、合作人和流程人，不同个人特质及其组合在阶段升级中又会有不同的策略。两个变量结合在一起，迷茫的方式就千变万化了。在高玥的案例中，我们看到她一方面处于合格的职场人到业务高手的升级阶段，另一方面又具有以产品人和流程人为主的组合特质（此处的特质结果是结合咨询师问话和一些相关测评得出的），因此在规划行动重点的时候就需要兼顾这两个变量。

个人特质三角模型结合前文对产品人、流程人的讲解，应该可以理解高玥在出色的业务高手阶段不能还停留在"产品＋流程"的单一线路，而要搭建起或者进入五种特质良性循环的生态线路。这样才能实现持续地为社会提供有价值的解决方案的志向，实现个人、商业与社会的多赢效益。

基于这番理解，高玥渐渐明确了接下来的重点。"关于成人学习的'自动挡'方案本身，还需要继续研究。这是个'科研课题'，需要在'实验室'里先培育培育，用时间浸泡浸泡；相反，关于团队协作反而是当下可以做的，也是亟须提升的能力。过去在课程研发上，多数时候是个人发力，对于如何跟不同特质的伙伴共同把事情做得更好是缺乏经验的。在了解个人成长周期模型之前，高玥比较抵触团队作战，觉得跟人反复磨合好累，不如自己做来得快。

经过这次交流之后，高玥对猎头的推荐机会重新产生了兴趣。两个月后，她进入一家新公司，其规模比之前的平台公司小了很多，但是团队理念跟她很契合。"我决定在这里好好学习跟不同特质的伙伴一起做出集体版爆款产品。"这是我们收到的高玥的最后一次留言，想必她又投入到了一段新的成长期。

借由高玥的故事，我们从整体上认识到个人成长周期模型的运用价值。**首先，要降低迷茫的价值。**当你从整体上看到个人成长就是一个阶段接续一个阶段的时候，当你能看到自己当下所处阶段的时候，当你了解当下阶段最重要的事情是什么的时候，这份理解就能消解掉大部分迷茫。**其次，诊断关键问题的价值。**通过识别阶段找到成长停滞的主要症结，知道该补什么能力，然后抓准问题，这样问题就解决了一半。**最后，明确规划行动方案的价值。**了解了个人特质和发展策略，对自己的路径有了辨识能力，就不会被其他人的成功经验干扰，知道不同人给出的建议是来自不同特质类型的人的总结，不需要去纠结，选择适合自己的策略就好。

不同个人职业成长阶段的结果达成力运用

> 只有不断积极地温习并应用，才能将理论变为习惯。
>
> ——戴尔·卡耐基，《人性的弱点》

自主的学习者阶段的结果达成力运用

自主的学习者阶段的核心任务是完成自我探索，确立志趣志向。这里的"立志"并不是指某种具体的职业，比如医生、职业经理人或者网红，而是指你的价值追求。但我们在自主学习者阶段不能仅仅关注价值追求，也要关注自己的成长性。

在咨询中，我们发现很多处于自主学习阶段的伙伴往往都具有这样几个特质：需要刻意花费时间去琢磨和理解目标；对单个任务或者挑战背后有多个难以解决的问题缺乏适应性；需要在工作中调整自己的价值追求。

基于这种情况，我们认为这个阶段最重要的是要认清初阶的现状，运用好自己现有的基本能力解决问题，然后去思考自己的进阶成长之路。

我们以向我们咨询的何佳的事例来阐述，如何在做事和学习中不断地明晰志趣志向、完善自我探索。

几年前，何佳刚刚从事引导方面的工作时接到了一个关于街区改造的项目。这个街区当时运营得已经比较成熟，甲方想将它打造成网红街区，让大众对这条街区有充分的信任，能和这个街区建立起联结。甲方希望在经费预算有限的情况下，通过举办一些大家感兴趣的活动和大家互动，让客户留下来共同赋予这个街区新的活力。

刚开始带领团队接手这个项目时，何佳觉得这个事情比较简单，无非就是拼命做活动，邀请用户参与进来，发一些福利，宣布街区的成立就好了。但是当何佳真正介入这个街区的时候，他发现消费者进入这个街区只有消费这一种行为，没有与商家的互动，更没有融入这个街区，成为这条街区的一员。那一刻何佳觉得自己的价值不在于帮助这样一个商业体去思考有什么好玩的活动点子，其实他可以做得更多。想到这里，何佳摩拳擦掌，跃跃欲试地想把这件事做好。他和团队成员集思广益，想出了很多创意，想尽量漂亮地呈现出来。但同时他们也面临很多问题：项目准备时间只有一周，他需要在一周的时间里从一名水平为 60 分的引导师成为一名水平为 90 分的引导师，这显然是不切实际的。

意识到这个问题之后，他十分焦虑，感觉到了前所未有的压力。他强迫自己坐在书桌前冷静下来梳理当下面临的情况。彻夜思索之后，他发现是他想呈现的东西太多而忽略了问题的核心。

此刻他面临三个挑战：（1）当时的他在引导工作方面还是一个小白，引导能力不是特别成熟；（2）这是他第一次独自带领团队做商业街区的营造项目，对商业和用户的交互比较陌生；（3）需要协调各方关系，即他们和甲方、他们和用户、甲方和用户。

清楚了这些，他们立即请教了自己的引导老师，重新阅读了相关的专业书籍，发现其实他们要解决的事情无非就是两点：第一点，营造良好的活动氛围；第二点，让大家觉得这个场合很安全，能够自在地表达自己对这个街区的想法和期待，激发大家说出想在这个街区做的事情，从而促使大家自发组织并参与接下来的活动。

有了这个想法后，他决定用引导的方式让用户作为主人公参与进来。首先，每个引导师都有自己的引导风格，有的人善于做游戏带大家活跃起来，他更喜欢和大家一起坐下来聊聊天，彼此熟悉，说出自己想要做的事情是什么。他这样做的目的是让大家敞开心扉，知道这个街区会毫无保留地为大家开放，所有人都是街区的主人，大家可以畅所欲言，互相支持，融入彼此的日常生活中。然后，他们将活动地址选在了星巴克的社区店，一对一地邀请每一位用户，并用心准备了小礼物，给用户带来了安全感和归属感。

活动现场，从最开始的破冰——大家比较拘谨地互相认识，到他带领大家玩游戏，彼此有了更多的交流和互动，最后所有人能够像一个小团体一样，一起设想接下来如何在这个街区"玩"起来。他从一个引导师的角色变成其中的一个参与者，而用户从一个被动参与的角色转化为带头的组织者。还记得当天原计划两个小时的活动时间，快结束的时候大家都不舍得走，很多人主动拿出手机互相加上微信，并且投票选出后期大家想共同在社区举办的活动。那一刻，他觉得这个场域里充满着真实的快乐，用户和用户产生了真诚的互动，用户和街区产生了紧密的联结，这场活动真正有了一些意义。

毫无疑问，这个项目有一个圆满的结局，同时引发了他们的一些思考，思考自己在这个项目中作为引导者的角色占比多少，他是否适合做一名引导师。回顾他以往的个人经历，其实还挺复杂的：一段长期的创业经历让他具有了一定的冲劲，学习和实际做引导的过程又让他们身上有一种水泽万物的特质。正是因为兼备这两种特质，他们觉得自己可能更适合做一个在带领者和支持者之间来回切换的角色。他希望他能让大家以一种舒服的状态参与其中，运用引导的能力带领大家，为人和场合增加更多黏性，让引导成为一种辅助支持的方法。

之前很长一段时间他很迷茫，经历过这个项目之后，他慢慢明确了自己想要的东西。他明确了自己想要在什么样的角色和事件中去发光发热，他知道了自己的价值所在。最明显的变化就是他不再不愿意做自己不想做的事情，他会把那些事情都当作体现自我价值的一部分。他对未来有了更笃定的信心。

在何佳这个案例中，何佳经历了"动荡混乱 – 识别问题 – 实践 – 总结自我"的全过程。他作为一名当年刚刚做引导师的新人，尝试把这项能力运用到自己现有的业务中，同时又找到让自己有价值感的做事方式。

在整个路径中，有两个非常明显的贯穿自主学习者阶段的破局点：一是遇到挑战无从下手时，通过识别关键问题、结合自身能力，明确解决问题的路径；二是通过实践和反思，总结出适合自己的工作方式，在接下来的职业生涯中进一步实践。

如果你尚处于自主学习者阶段，这两个破局点非常值得关注。这需要你学习和注重练习结果达成力中的目标理解能力、问题识别能力以及行动执行能力。

合格的职场人阶段的结果达成力运用

我们在第 3 章中探讨过合格的职场人的职业作品有两层含义：第一层含义是指具体的职业成果；第二层含义是指从工作过程中思考总结出来的、极有可能复制成功的做事逻辑。

在"打造职业作品"的部分，我们讲述了一个吴军在《见识》一书中分享的一个小案例。在一次读者交流会上，有位互联网视频领域的工程师提问后，吴军反问了工程师几个问题，发现工程师从来没有思考过自己本职工作背后的逻辑。这反映出很多人在工作中只是简单地"完成工作动作"，而没有去关心自己的工作在整个公司业务中是什么逻辑。

我用一个自己的反面案例，去分析到底什么是真正的做事逻辑。为什么在职业作品中，总结做事逻辑那么重要。

2019 年，我以为自己参与导演的万有引力大会是我职业生涯中的巅峰之作。当时，我多少会因项目的共创成功而得意扬扬。当时已经有一位经验丰富的老师在事后的反思中提醒我，成功的背后需要深入总结和完善做事逻辑。这个警示让我开始思考回顾我当时的思维方式和方法论。

但我并未完全理解他的话，只是简单回顾了一些工作方法。我误以为那已经是一种做事逻辑。事隔两年后，怀揣着误以为是做事逻辑的工作方法，面对一些相似的大型事件的时候，我才感受到了自己的思考局限。

　　一个人仅仅带着过去的工作方法去做新的事情，可能碰巧会获得激励，但是如果遇到了更多的阻碍，可能也是非常痛苦的。对于我来说，那些错综复杂的思绪如同一团乱麻，纠缠不清。这种痛苦的状态让我感到沮丧和无助，我开始怀疑自己的能力和智慧。如果方向不对，那么深入思考反而会让人感到更加困惑和迷茫。

　　在多次思考和自我觉察中，我给自己提了一个问题：职业作品到底是什么？做事逻辑到底是什么？我也决定把"结果力"作为抓手去探讨一下，对我而言什么才算是我的做事逻辑。

　　我心怀敬意地回顾了那段参与万有引力大会的经历，意识到自己对于其中的思考和决策过程并没有进行深入的反思。我只是简单地回顾了一些工作方法，没有注意到其中的逻辑和原则。当按照对结果力的理解、分析和执行的思路去重新梳理时，我发现任务的重新定位和分析不准确，那些工作方法仅仅是做事逻辑的总结中执行的标准，而不是全面的做事思维。

　　当自己的困惑被我们多年的模型解开，我们也更确信做事思考的难题是需要抓手，而结果力的"三大项、九小项"的分析标准，或许正是人在职业作品的发展阶段，去衡量自己做事思维的一个标准。

　　走过职场新手期，我们会看到越来越多的优秀同伴，他们并不满足于执行成熟的工作任务，而是开始追求更富有挑战性的工作任务。这时候懂得专注核心目标，不断培养自己关键提取和提供解决方案的能力，可以让我们尽快完成过渡，成长为能独当一面、做事有结果的合格职场人。

出色的业务高手阶段的结果达成力

我们在第 2 章以小鱼儿的案例，聊了出色的业务高手的四个要素："聚""人""成""事"，这里我们将继续探究业务高手应用结果力的修炼路径。

因为业务高手不仅需要持续地把自己的事情做好，还需要跟他人配合协作，完成团队目标。这些从高管和创业者角度很好理解，因为他们都是需要促使团队协作以达成"1+1>2"的效果的典型职业角色。我们再回到小鱼儿的案例，她带着不到 20 人的团队，做出了年销售过亿的业绩。我们可以分析一下，在达成结果目标的路径上，她做对了哪些事情。想一想，当我们遇到问题的时候，又是如何运用结果达成力让自己成为一名业务高手的。我和小鱼儿曾进行过一次对话，对话内容可以帮助大家思考这个问题。

我问小鱼儿："你觉得要带着团队拿到结果，最重要的部分是什么？"

"其实是做战略，首先要理解什么是真正的战略。"小鱼儿回答道，"其实做来做去，你会发现做战略无非就是取舍，就是去思考初心和终局，思考整体和局部利益得失。无论是带大团队还是创业小团队，谁也离不开在美好的理想、残酷的现实和永远不够的资源中纠结。"

"那你遇到的取舍是什么？"我接着问道。

"取舍其实是无时无刻的，但是截至目前，把 XX 这款产品推向市场中，最重要的是两个决定。第一个跟糖酒会有关。酒类产品几乎每年都会参加全国闻名的糖酒会，许多酒类参展商花很多经费和精力去准备糖酒会的参展和筹备，但是我们认为这个产品不是一个以渠道为主的产品，所以就决定回到我们企业早年开始定下的战略——用户第一。这是我们的一个非常重要的决定，我们不再把大量成本投入到糖酒会，转而把全部成本用于回馈那几天在成都各地吃饭的用户，请他们喝酒。这是我们坚定回馈用户的一个标志性节点，也是一次关键的取舍。

"当然，严格来说，这是回馈用户，但也不全是。从长期主义的视角出发，长期主义的核心一定不是损失，而是整体利益于大于局部利益，是复利的逻辑。用户受益后，我们会得到正向的反馈，这是我们这次行动的复利。"

其实仅仅完成一次糖酒会的布置和推广，对于他们团队来说是最简单的，因为只要大规模地去铺设一些传播的渠道，找到固定合作的策展方完成一次漂亮的布展就可以了。但是敏锐的职业嗅觉告诉她，如果只是完成之前的上级下达的任务，其实并不适合当时产品的市场阶段。

可见，灵活应变是小鱼儿为业务负责的第一步，她会从全局去思考整件事情，并且能够结合最终的大目标做出自己的判断。就像小鱼儿所说，做战略无非就是取舍，但取舍之间，一定要思考什么是最关键的。

想成为业务高手，对于结果达成力的要求就更加全面了。我们可以从结果达成力的三个最重要的维度——"理解力""分析力""执行力"出发，去思考自己的处境，然后回到结果达成力的每个小点，自己做自己的教练。

这里有一个问题清单，有助于我们去思考和优化自己当下的处境。

理解力方向：

这件事情的目标是什么？

我们当下处在这件事情的什么阶段？

当下的环境和预期有什么变化？

分析力方向：

当下最关键的挑战 / 困境是什么？

这个困境的解决方案是什么？如何佐证？如何优化？

目前最重要和最紧急的事情分别是什么？

执行力方向：

这件事情的背景信息我了解多少？过程中有哪些新信息？

我的目标在执行过程中是否有变化？变化是否合理？

我接下来最该先做的三件事情是什么？

如小鱼儿所说，我们都离不开在美好的理想、残酷的现实和永远不够的资源中纠结，我们需要厘清面前的一条条线，为自己在这条路上找到一个螺旋上升的轨迹。这才是结果达成力对于一个业务高手的最大价值。

运用结果达成力发挥个人职业发展特质

> 这世上并不是所有人，都有你拥有的那些优势。
>
> ——F.S. 菲兹杰拉德，《了不起的盖茨比》

产品人

"人－货－场"中直接产出"货品"的人，叫产品人。他们往往具备这样的特质：学习能力强、喜欢挖掘现象背后的本质，擅长发现事物的规律性；对特定话题有强烈的好奇心，并且能深入钻研下去；相较于广泛的知识面，拥有某个领域的知识系统更能让他们感到满足。产品人还很善于总结，分享经由自己实践、观察、领悟得出的做事方法和经验，有时候会比事情本身更令他们感到兴奋。

产品作为一个事业和团队最重要的内容之一，想要把事情做好，产品人一定要以结果为导向，从头跟到尾，从大改到小。因此，结果导向是产品人最应该修炼的结果力。同时在从产品的开始到产品和用户的交互过程中，专注于产品的优化升级路径，是产品人应该具备的特质，而这种特质的背后需要我们持续为优化和升级提供方案。

我们给产品人的核心结果力修炼建议：

- 结果导向，即做事有结果，不半途而废，没有回音；
- 提供方案，即出现问题、遇到卡点时，积极提供建设性的解决方案。

我们用一个曾经设计测评产品时产品负责人的例子，来说明产品人所面对和必备的结果力有多么重要。

当初我们开始写作这本书时，便已明确了一件事：我们需要构建一种结果力模型，作为这本书的核心架构。深思熟虑之后，我们决定将手中的咨询业务与之融为一体，开发一款名为"结果力测评"的产品。这个测评项目不仅帮我们理清了结果力的知识体系，同时也为设计结果力的模型架构和计算方法铺平了道路。最终，我们在小程序上展示出了一个完整的产品形式，这个产品集后端模型、数据和前端交互设计于一身。

诚然，我们是产品领域的新手，但身处创业公司的环境，我们有时也必须将自己塑造成产品人的角色，接受这份试炼，全身心地投入。作为产品经理，独自前行是常态。

在任何创业周期的起始阶段，产品和销售是最核心的元素。也就是说，我们需要首先做出优秀的产品，专注于取得结果，提供一条通向结果的路径。结果力中一个至关重要的标准，便是结果导向。

回溯我们的功能设计，实际上分为以下四个步骤。

第一步，明确软件的目标。虽然这中间会有很多难以实现的地方，但我们要自己去寻找解决方案，勇往直前。我们当时的目标，是打造一款让用户不再被套路的测评软件。我们坚持让用户在测试前就清楚自己是否需要付费，拒绝无谓的时间浪费。

第二步，关于产品交付的用户体验，我们需要实现页面的合理布局，让每一个跳转都充满意义。整个页面的设计，我们反复斟酌如何更好地优化设计跳转和功能界面。

第三步，优化，这个部分对我们来说也充满了挑战。我们要面对未知的困难，并且不能被难住。我们参照了许多对标产品进行尝试，逐渐找到了合适的思路。在每个环节，我们都坚持结果导向，遇到困难便提供解决方案，反复地追求结果，反复地优化解决方案。

第四步，测试，我们需要自问是否已经完全实现了最初的设计目标，同时测试结果也能为未来产品的设计优化提供方向。我们在此过程中曾遭遇过数次挑战，例如优化结果力算法的过程长时间困扰着我们，我们请内部专业的老师帮助我们设计。然后，我们开始不断地进行数据迭代，包括程序设计，框架前端表达设计，等等。

最让我印象深刻的一次挑战是关于测评产品算法的设计问题。我们开始跟程序员合作，但发现响应和合作流程并不理想。后来我们雇用了全职程序员，但他并不擅长解决算法问题，最后我们在不断寻求他人帮助的同时，亲自下场，从一名小白逐步成长为可以理解甚至编写代码的创业者。

这是一个痛苦却有意义的过程，创业就是要在不断的问题解决中成长，初创公司往往需要我们独自面对结果，并提供解决方案。这就是产品人所面临的最大挑战，同时也是面对挑战必备的素养。可以说，对于一个产品人，没有对最后结果的笃定，没有对解决方案的思考，就没有产品。

传播人

我们在第 4 章中探讨过，有一些人有这样一些属性：分享欲强烈，恨不得把自己遇见的美好事物告诉全世界；观察力敏锐，能快速洞察他人的情绪变化和内心需求；爱好广泛，领悟力强，对于新领域、新事物上手快，但也容易浅尝辄止；表达力强，稍微练习就能把握表达的技巧；个性突出，容易成为人群中的焦点。

但对于传播人，我们经常会出现以下两个误区。

一是传播人经常做着媒体、表达方面的事情。但随着个体时代的出现，传播人其实可以很好地匹配各种业务，也越来越能够在纷繁复杂的互联网世界中大放异彩。

二是大家觉得传播人身上更重要的是战略和敏锐的视角，但是我们通过测试结果和访谈案例发现，我们看到的优质传播人大多具有坚定理解目标和坚持行动执行的特点。

我们给传播人的核心结果力修炼建议是：

- 目标理解。通过反复沟通、澄清，描绘出预期结果，使最终目标清晰化（符合 SMART 原则）。
- 行动执行。选择合适的方法，快速开展行动并密切跟踪进展，排除障碍，确保工作有效执行。

我们看到很多传播人在做事情时比其他特质类型的人有更强的灵活应变和信息搜集能力。将这样的特质优势与达成结果的能力优势合理利用，能让自己在商业世界中大放异彩。

有位朋友小周开了一个心理咨询工作室，他的例子有助于我们理解，即使传播人自己从事一个产品或者专业属性非常强的行业，发现自己的特质并加以良好的运用，也能成为这项事业非常重要的放大器。

小周是一位科班出身的心理咨询师，本科和硕士均在国内外顶尖学府学习，并且师从专业的行业研究者，自己也具备非常强的专业能力。优质的教育和学术背景，加上多年的专业训练和经验，让他成为一名非常值得信赖的心理咨询师。但是他的苦恼是他虽然有非常丰富的咨询经验，但其实他在公开演讲、知识分享以及对于新理念的研究应用的表达上有非常浓厚的兴趣。而且从过往咨询客户的来源上来看，他自己和身边人的很多客户也是来源于他的一些分享和公开演讲。

他找到我们，希望我们能帮他重新设计和定位个体职业的路径。通过聊天，我们很快就发现了他具有传播人的特质，同时也指出很多刚接触传播事业或者刚开始做传播工作的一些传播人面临的共性问题。本质上，传播并不是一个概念和战略上的任务，传播其实是一个需要清晰的目标理解力和坚定的行动执行力的工作。

我们身边有很多人都在说传播需要更广的信息来源和灵活应变的做事态度。但其实我们自己都感到诧异的是：经过我们的测试和访谈，我们发现很多优质的传播人都会坚定地坚持自己所做的事情。

后来，我们帮小周重新梳理了工作室从个体职业者到个体工作室的发展逻辑。我们也梳理了小周现有的资源，发现小周在这个阶段的感知是非常敏感的，他非常符合传播人的特质。他找到我们时恰恰是他面临工作性质转型的时刻。

从合伙人的关系到他自己的工作分工，我们与小周一同重新做了设计：让他专心从事自己感兴趣的部分，做有价值的分享，分享心理学方面最新的学术研究成果。小周也会认真研究并进行非常有个性的简洁表达，而一些专业咨询方面的工作逐渐被合伙人承接了。

现在，小周的工作室已经有了质的飞跃，而且小周在工作室的角色已经变成令他非常舒适的传播人的角色。加上自身内容方面能力的加持，他的工作室的业务呈指数级增长，同时如小周所愿，他也帮助了更多他想帮助的人。

合作人

在美国职业篮球联赛（NBA）中，我们经常能看到这类消息：某某球队续约的老将，即使上场时间很短，依然在球队中扮演着重要的角色。对于一支具有争夺冠军实力的队伍来说，除了要找到作为球队核心的超级明星、能够在场上提供支持的角色球员以外，往往还需要找到更衣室领袖。当我们去理解具有合作特质的人的时候，往往就会用这样的例子去证明合作人的作用。

从商业社会的视角来说，合作人的工作角色极其不固定，甚至在某些团队中是隐形的，但是对于团队来说却是不可或缺的。合作人的价值在于能黏合不同性格、不同背景的人，而且他们为黏合大家所付出的时间和精力一点也不比做出成绩的人少。当然，有些带领团队做出成绩的人身上也具备合作人的特质。

除了通过做事磨炼自己，也要在关系上做出努力。这样的任务让合作人具备了对关系和任务敏感的能力，这是我们常说的结果力中信息搜集的能力。因为"关系"的重要程度，人们在做事情的时候往往也想听一听合作人的想法，所以能提取关键信息成为合作人获取信任的重要方式。

我们给合作人的核心结果力修炼建议是：

- 关键提取。在模糊分散的信息、步骤、局面中，能快速捕捉到切入点；
- 信息搜集。遇到问题，通过各类渠道搜集相关信息，进一步筛选整理出想要获取的信息。

我还是以自己的例子来让大家了解一下经历过一定的职业发展锻炼之后，作为合作人我是如何面对困难和挑战的，希望能够给读者提供一些参考和思考问题的视角。

2019 年冬天，我和团队在成都举办了一场以"社群"为核心概念、以"自组织"为主要组织方法的大型活动——"万有引力"大会，其意在充分展示社群的力量来源于每个人。这场活动从无到有、从概念到落地执行只用了一个多月。活动为期两天，内容丰富，包括主题论坛、造趣市集、夜场活动、工作坊展览，等等。值得关注的是，前后参与共创的相关方组织接近 100 家，参与策划执行的个人志愿者超过 100 人。

说起"万有引力"大会，我最先想到作为这场活动的总导演接受的一个采访。接受采访时，我说："万有引力大会是每个人的万有引力大会。"其实对于我个人来说，万有引力大会是逐步明晰自己角色的一个过程。当时并没有举办社群大会的任务，只是因为社群六周年庆典即将到来，而我是这个社群的召集人，同时也在做社群方面的研究工作。我和团队成员最终决定在当年要组织一场非常有趣的、特别的并且有意义的大会。

当时成都有很多大大小小的社群和当地青年组织，大家的业务和内容风格差别都很大，我们都在思索怎样吸引分散在各行各业的人们一起来参与推动大会的进行。我们还总说万物都有起舞的渴望，只是缺少一阵撩起裙摆的风。这场大会一定会举办，但是其中的内容可以交给各路社群伙伴和组织一起来设计。

这意味着有一个非常复杂和庞大的工程在等着我们，需要我们能够与百家社群和组织产生互动，需要组织和协调上百位志愿者有序地参与其中。同时，我们要在筹备和进行的各种复杂局面中捕捉到重点，并且推动事情发展下去。这要求导演组或者总导演的能力有着很强的合作属性。总的来说，整个过程中我们面临着诸多困难。

在大会组委会成立之前，大家都隶属于各个不同的组织。如何挖掘并展现大会的参与价值，吸引大家一起来参与并推动大会的举办是我们面临的第一个困难。

第二个困难是组委会成立之后，几十位成员需要重组到不同的项目组，比如市集板块、论坛板块、设计板块、现场协调板块，等等。

第三个困难是协调各个板块之间的运行工作，包括如何在关注个体的同时整合整体，确保方案共创和执行顺利进行。

在面对庞大和复杂的信息时，我发现如果不知道各个板块和组织之间的信息，不了解大家目前面临的状况，是无法做出正确的判断和调整的。

首先，我们做了大量的前期工作，了解各个参会方，同时在推进的过程中深入分析各个项目的进展和面临的挑战。这需要很强的多维度信息搜集能力，包括背景、现状、人的特质、关系、各项事情的掌握度等。

有时各个项目组的诉求存在一定的冲突，或者需要完善，我需要及时找到关键信息，做出判断和介入。此时，事情往往完成了80%，而剩下的20%则需要在关键时刻思考如何做出最优的选择和取舍。

为期48小时的"万有引力"社群大会结束后，人们为之赞叹。为期一个月零五天的筹备过程，其内含的虚拟组织的形成与协同模式，导演组和各方组织、志愿者的高度协作，让这场大会成为城市社群标志性事件。

我刚刚开始做引导师的时候，发现自己并不是一个单纯做引导师的人，可能更适合带着大家一起玩、一起达成目标，自己作为一个超级用户的同时具备引导师的能力。"万有引力"大会的举办恰好印证了我对自己的判断，那就是自己适合做一个黏合者的角色，这可能就是我们所说的合作人非常重要的一种属性。

销售人

"人－货－场"中开疆拓土、攻坚克难，实现产品和人之间价值对接的人，叫销售人。在个体时代，系统的组成结构越来越小，销售成为越来越多人希望拥有的属性。如同《企业生命周期》一书中所说的那样，处于婴儿期和成长期的组织或公司，其任务只有两个词：产品与销售。我们认为能力是容易练成的，但只有发挥自己的特质，才能更容易得到相应的结果。

关于销售有很多误区，具有销售特质的人很容易避开这些误区。比如，很多没有销售特质的人，在面对客户的时候往往是以合作人的状态去做的，哪怕获得了很棒的关系，也难以得到结果。因此，无论是否具备销售特质，结果导向是成为一名合格的销售人的必备属性。

同时，我们发现问题识别是销售人一项非常重要的结果力，因为销售这类工作的特质是联结产品与人。在当今个体时代下，价值交付可以是有形商品，可以是个性服务，可以是抽象概念，甚至可以是自己的工作或者工作时间。这种交付或者说服务的核心一定是为了满足用户的需求和解决客户的问题，因此问题识别也成为销售人最重要的结果力之一。

我们给销售人的核心结果力修炼建议是：

- 问题识别。通过一定的方法与思考，找出理想与现实差距的关键所在；
- 结果导向。做事有结果，不半途而废，没有回音。

这个部分，我们以一位创业者小王为例。小王年轻的时候就创立了一家为企业和机构供应办公耗材的公司。现在小王的公司已经有近百人了。从结果力出发，我们和小王聊起了创业初期的两个故事。

其实小王的公司有一套比较成熟的商业模式。简单来说，就是这家公司做办公耗材供应链，它掌握了低价渠道，或者直接跟工厂合作，然后供应给有采购需求的企业。我们很好奇，在这个已经非常成熟的商业模式中，小王是如何做到增长，而且顺利抢占了其他耗材供应公司的市场份额的。

他跟我们讲了这样一个例子。刚开始，作为一家初创公司，他们寻找客户的方法用的主要都是笨方法，甚至有点老套。他们会到一家客户或者潜在客户公司的写字楼派发传单并赠送印有宣传广告的小礼品。公司创始人本身就具有一定的销售属性，因此刚开始的订单都是合伙人自己跑来的。

有一次小王接到了一个电话，一个新客户说有一个紧急的需求，但那只是一个非常小的零售业务。如果是在正常的天气以及合理的需求时间，原供应商肯定会接受订单。但是当时天气恶劣加上客户又很着急，估计就想随便找一个新的供货商试一试，于是就拨通了小王的电话。

虽然这一单不赚钱，但是小王并没有拒绝，他选择派人冒着暴雨把产品送到客户的手中，做了一笔"亏本的买卖"。大家都没想到的是，后来这位客户成了和小王公司合作非常密切的一位客户，并帮助公司促成了一个大单。

因为小王觉得销售的本质并不是一次性买卖，用户也并非仅仅为了购买一个产品，实际上客户购买的永远都是服务。小王说：

"ToB 做的生意还是 ToC，最终还是去对接一些企业和机构里的个人，还是要服务好这些具体的人。"产品不是真需求，对于采购来说，服务才是真需求。因此，小王的耗材供应公司的本质不是卖产品，而是卖服务——节约用户的时间，降低用户的成本，帮助用户更好地完成任务。所以这家公司本身的定位就不是一家产品销售公司，而是一家服务公司。

通过这件事情，小王的公司开始与用户互动，小王识别出了"真问题"与"真需求"，并给公司制定了三个规定：

- 永远给用户准备一个 B 计划；
- 公司需要寻找靠谱的相关业务服务方，如果涉及公司并不涉足的业务，也会尽力帮助用户全程跟进问题的解决过程；
- 如果客户有需求，业务人员立刻派专人负责，拿着样品和 B 计划当面和用户对接。

正是因为小王识别出了真正的需求和问题，小王的公司很快拿到了本应属于同行的市场份额。同时，小王公司的客户也都与其建立了长期稳定的合作关系。

小王还提到另一个客户的案例。当时在和用户对接的时候，用户本来只提出了要求 A，但在服务的对接过程中接连出现了要求 B、要求 C。对于小王当时的公司来讲，这次业务并不算一个很大的业务，遇到这种要求反复变化的客户本来可以委婉拒绝的。

我们问小王在这种情况下会不会想到取舍的问题。但是小王的回复是，在类似的情况下，他们从来没想过因为收益率的问题而放弃客户。一是因为行业的特殊性，二是小王觉得销售行业没有"佛系销售"一说。销售人的结果力就是把产品卖给客户。

流程人

"人－货－场"中承担责任、拥护规则、理性沉着、提高效率、以身作则影响身边人做得更好的人，叫流程人。他们通常具备这样的特质：守时守信，对道德和规则非常看重；事业心强，不断追求进步；维护集体利益，常常以大局为先，愿意为了集体牺牲自己的权益；对秩序很敏感，擅长将事物标准化以提高工作效率；对自我要求高，不断给自己提出高标准并且去执行，在给他人带来正面影响的同时，也容易带来压力。不喜欢在人群中高谈阔论，却能以稳重理性的态度给人留下深刻的印象。

人们常说走得太远而忘记了为什么出发，这是很多人做项目时经常犯的一个错误。每每在这种时刻，施加正面影响或者提供一定压力的人，往往是能为团队提供推动价值的流程人。我们发现一个团队中如果拥有具有流程特质的伙伴，其能在项目管理的环节做出重要的贡献。守住结果、看住过程是流程人最鲜明的特质，也是应该坚持完善的能力。在第4章中，我们介绍了流程人容易遇到的三种困局，而这三种困局的解困之道就是从灵活应变的结果力出发。"功成不必在我，功成必然有我"的态度，加上灵活应变、结果导向的结果力修炼，能够帮助流程人在个体时代适应更多变的合作方式。

我们给流程人的核心结果力修炼建议：

- 灵活应变。遇到临时变化能够快速了解现状并适应新局面。
- 结果导向。做事有结果，不半途而废，没有回音。

很多人在谈及一个人有流程人特质的时候，往往会想起一些死跟流程的场景。我们用苹果公司 CEO 乔布斯的搭档库克的故事，来看看一个优秀的、具有商业头脑的流程人是如何运用灵活应变和结果导向能力来拯救苹果公司的。

我们对库克的了解多是从他 2011 年接替乔布斯担任苹果公司 CEO 开始的。他曾在 IBM 供职长达 12 年，负责 IBM 的 PC 部门在北美和拉美的制造和分销运作。1998 年 3 月受乔布斯邀请，库克进入苹果公司，担任副总裁，主管苹果的电脑制造业务。当时内部人认为苹果公司处于破产边缘，成本控制极差，库存管理糟糕透顶，记账也是乱七八糟的。而库克的到来就是要用自己的能力让苹果逆风翻盘。我们来看看库克是如何利用流程优化帮助苹果渡过难关的。

库克削减了苹果的供应商数量，同时拜访了每一个供应商，对其提出苛刻的要求，甚至说服苹果的供应商 NatSteel 在爱尔兰、美国加利福尼亚州和新加坡设立工厂。这样它们距离苹果的工厂会更近，组件交付的效率更高，准时生产的流程得以保证。

库克对流程的严苛也表现在了对库存的厌恶上。当时库克做了更多外包的选择，甚至只要能外包都选择了外包，这让苹果公司解决了最大的问题之一：库存。多年来，储存零件和待售计算机每年都会给苹果公司造成数百万美元的库存成本，1996 年大量未售出的计算机几乎导致苹果公司破产。

库克对于流程方面的优化远不止于此。过去，苹果公司经常不是生产过剩就是生产不足，而良好的库存管理有赖于对销量的准确预测。库克为了能够更精准地预测销量，投资了德国思爱普（SAP）最先进的企业资源规划系统，并将其与苹果公司的零件供应商、装配厂和零售商的 IT 系统打通。这个新建立的复杂系统能监测整条供应链，从原材料供应到客户在苹果网上商店下订单。这样工厂生产的零部件几乎刚好满足需求。在大数据和数字化技术的支持下，库克对产量、销售预测、零售渠道、库存统计甚至是向外包工厂发出的需求了如指掌，并能够及时优化和调整。

短短 7 个月内，在库克的领导下，苹果公司的库存期从 30 天缩短至 6 天。到了 1999 年，库存期已经缩短至两天，突破了戴尔公司在行业流程管理上的黄金标准，成绩斐然。

后 记

　　这本书的完结是一段路的结束，从有这个想法到完结，经历的过程还是很漫长的。从模型的探讨，再到整体内容敲定下来，我们几乎用了近四年的时间。我并非一名优秀的作家，但是我认为我自己是一名内在保持活力的持续探索者。此时此刻，我有两个颇为坚定的想法。

　　第一个想法是，这本书是过去时间内阶段性的结束，我要公开向一直支持我的人道谢。

　　写书的时候，我有时想用一言以蔽之的人生指南去表达，又担心成书后读者看起来难以产生共鸣。有时又想用具体真实的例子去阐述，又担心赘述过多，让人心生厌倦。所幸拿给身边一些伙伴翻阅后，无论他们是肯定还是批评，建议还是评价，我都感受到了不同角度的支持。

　　本书的完成离不开众多良师亲友的支持。

　　感谢乐平基金会沈东曙先生和晶晶、姚森、李行等小伙伴，没有在乐平基金会做访问学者的机会，我便没有思考和研究方法论的开始。

感谢家人，感谢志明先生、艳杰女士、李莉女士、二哥、CC
等朋友的鼓励、支持和爱，让我感受到了生命的坚韧和丰盈。

感谢过去一起创业、实践的伙伴们，一切灵感来源于经验，而
经验源于与伙伴们一起经历的时光，感谢老王、敏姐、小南、小马
哥、娜娜，没有这些创业和做事的历程，永远也不会有自己的观点
和思考。

感谢小马哥牵头完成结果力的模型，同时也授权我们在本书中
继续深入探索结果力。

感谢提供宝贵观察案例的伙伴们，是你们的无私分享才让我们
有机会总结提炼出个人发展阶段模型、五型特质以及结果达成力模
型。感谢木南、门冬冬、庆老板、丁杨晨曦、吴雨芯、猫小丹、石
钰渤、凯利、嗨皮、李洪波、刘玉琦、刘敏、李娜、李子、小马
鱼、cc 先生、Melody、Yuki、Lili、Tina 等友人（排名不分先后）。
感谢陈宇骄（小红书：爱笑的胖鱼酱）为本书提供精彩的插画。

第二个想法就是，这本书是一段新的路程的开始。

熟悉我的人都知道，我从 2016 年开始创业，到后来和敏姐共
同创办社群研究院，再到后来孵化项目，期间一直对创业的组织和
方法颇感兴趣。也可以说，这些对组织运转和个体精进的路径指引
着我去探索我的未来之路。我们整本书都在探讨个体时代如何提升
自我的结果达成力，但我知道这是一个个体以自由职业或者集体合
力的方式去和社会互动的第一步。个体能够发展和进步，除了自我

的不断精进和发展，与他的社区以及他所处的环境同时有很大的关系。我们不是孤立的，我们都在各自的社区中生活、学习、工作，发现并实现自己的价值。

我们在追求结果的过程中，除了完善自我，和他人互动同样重要。其中，共创一直是我所推崇和坚持的方式，我一直认为共创是一种态度和意识，也是一种行为模式，是为结果赋值的过程。

达成结果能力是个体的系统的基础，本书我们做了相对比较充分的讨论，后面有机会我们会继续和大家探讨提升自我，与他人共创价值的过程。共创不能剥离系统，被单独设计，但共创的需求、方法、思维、能力、环境、职业需求、学科发展、社会价值等这些要素，我们可以去研究。

最后，我想说这本书对我来说，或许是观点的片面表达，恳请各位读者多多提出意见。希望有机会可以面对更多有趣的读者。同时，我也希望这本书是一封邀请函，能够邀请更多关注"个人成长思维"与"共创"的同路人一起研究。希望我们有机会可以一起解释世界，为世界变美好而做出自己的努力。

北京阅想时代文化发展有限责任公司为中国人民大学出版社有限公司下属的商业新知事业部，致力于经管类优秀出版物（外版书为主）的策划及出版，主要涉及经济管理、金融、投资理财、心理学、成功励志、生活等出版领域，下设"阅想·商业""阅想·财富""阅想·新知""阅想·心理""阅想·生活"以及"阅想·人文"等多条产品线，致力于为国内商业人士提供涵盖先进、前沿的管理理念和思想的专业类图书和趋势类图书，同时也为满足商业人士的内心诉求，打造一系列提倡心理和生活健康的心理学图书和生活管理类图书。

《逆商：我们该如何应对坏事件》

- 北大徐凯文博士作序推荐，樊登老师倾情解读，武志红等多位心理学大咖在其论著中屡屡提及。逆商理论纳入哈佛商学院、麻省理工 MBA 课程。
- 众多世界 500 强企业关注员工"耐挫力"培养，本书成为提升员工抗压内训首选。

《逆商 2：在职场逆境中向上而生》

- 专为企业和职场人士如何在逆境时代突围、成功登顶量身打造。
- 哈佛商学院、卡耐基梅隆大学、麻省理工学院、欧洲工商管理学院等全球顶级院校分别将逆商纳入其 MBA、领导力、高管以及年轻企业家的培养计划。
- 全球范围内 1000 多家企业、100 多万个人用逆商工具衡量和提升他们的逆境反应能力。
- 与本书相配套的逆商培训课程已在国内开展多年，本书作者每年都会来中国亲自授课，全国也有上千位企业管理者参加过逆商大师课。
- 樊登读书会、冯仑、毛大庆、拆书帮、有书等知名人士和媒体鼎力推荐。

《思维病：跳出思考陷阱的七个良方》

- 美国知名思维教练经全球数十万人验证有效的、根除思维病的七个对策。
- 拆解一切思维问题，助你成为问题解决高手。

《提问的艺术：为什么你该这样问》

- 畅销书《一分钟经理人》作者肯·布兰佳、美国前总统克林顿新闻发言人迈克·迈克科瑞以及众多知名媒体鼎力推荐。
- 对的问题远比有了准确答案更重要。问那些能够释放伟大力量的问题，打造属于你的专业而又极具个人魅力的影响力。

《学会辩论：让你的观点站得住脚》

- 逻辑思维精品推荐。
- 无论是成功地进行口头或书面争辩，还是无懈可击地阐述自己的观点，并让他人心悦诚服地接受，背后都有严密的逻辑和科学方法做支撑。
- 只有掌握了本书所讲述的重要的辩论技巧和明智的劝服策略，才能不被他人的观点带跑、带偏，立足。
- 自我观点，妙笔生花、口吐莲花！

《坚毅力：打造自驱型奋斗的内核》

- 逆商理论创始人保罗·G. 史托兹博士又一力作，作者在本书中提出的是"坚毅力2.0"的概念——最佳的坚毅力，它是坚毅力数量和质量的融合，即最佳的坚毅力是好的、强大的和聪明的坚毅力合体。
- 这是一本理论＋步骤＋工具＋模型＋真实案例分析的获得最佳坚毅力的实操书。
- "长江学者"特聘教授、北京大学心理与认知科学学院博士生导师谢晓非教授作序推荐。

《底气：可持续的内在成长》

- 本书揭秘一流运动员、奥运会冠军、世界级商业领袖的内在思想，揭示了人们获得成功的关键动力和精神过程。
- 无论你是否是一个白手起家者、团队合作者或者公司领导者，你都可以应用这些已经验证的思维技巧到任何领域。

《好奇心：保持对未知世界永不停息的热情》

- 《纽约时报》《华尔街日报》《赫芬顿邮报》《科学美国人》等众多媒体联合推荐。
- 一部关于成就人类强大适应力的好奇心简史。
- 理清人类第四驱动力——好奇心的发展脉络，激发人类不断探索未知世界的热情。